THE MIXOLOGY

王牌調酒師

的私藏手札

金鳳荷/著

那種大家都能輕易實行，但卻不容易挑戰並超越創新的想法或事物，很容易引發別人好奇心。就像在常見的設計中，設計師只畫出一條直線，卻能夠變成高價作品的那些藝術品一樣。調酒師金鳳荷，能夠用一點不同的小想法，讓平凡的飲料有大大的變化。試著想像一下，閱讀這本囊括他所有熱情與秘訣的書，讓許多人因此成為一位調酒師，用一杯雞尾酒為我們創造出極其特殊的體驗。

表賢明　韓國KT社長

長年來為建立咖啡師體系而投注熱情的我，在遇見調酒師金鳳荷以後，宛如發現一個新的世界。他努力想要抓住飲用者的情感，那努力的樣子看起來與其他人大不相同。金鳳荷是我認識的人當中，對咖啡最為關心的調酒師，同時也是很吸收運用新素材的一位朋友。

李永明　韓國咖啡教育協會理事、CBSC咖啡事業支援中心代表

有很多Bartender能做出很炫的雞尾酒；但卻很少能與顧客想法一致，做出讓任何人都能享受的雞尾酒。我明白寫出讓人輕易理解的新聞有多麼困難，而他卻能淺顯易懂地讓我認識這個可以一邊輕鬆歡笑、一邊享受的雞尾酒世界，我想對他說聲感謝。

尹善榮　韓國〈主流頻道〉記者

在日本，為了作雞尾酒，必需要先擔任過2年的調酒師助手，磨練相關技術與知識。在韓國，我不斷尋找擁有這些基本技術，同時也對飲料投注許多熱情的調酒師，於是我遇見了調酒師金鳳荷。3年前我在籌備Coffee bar K Seoul時，他給了我許多幫助，是我的好朋友。為了作出適合韓國人的飲料，他不斷進行研究，我想為他永不熄滅的熱情熱烈鼓掌。

KOSHO　日本調酒協會理事、**Coffee bar K**全球代表理事

衷心祝賀這本《THE MIXOLOGY—王牌調酒師的私藏手札》的出版，其中蘊藏了調酒師金鳳荷為雞尾酒文化付出的努力。這本書充滿從韓國傳統食材、料理手法中獲得的豐富靈感，也希望因為這本書，全世界的調酒師水準都能夠更上一層樓。借用我的同事兼朋友Ludo的一句話：「這世界有資格享有更棒的雞尾酒！」

Dimi Lezinska　調酒師、灰雁（Grey Goose）全球大使

迎接清爽一天的早晨，通常是伴隨妻子滿懷熱誠遞給我的蔬菜果汁一起開始。喝下那杯果汁，會覺得今天一整天都要充滿活力的度過。本書中，不僅收錄調酒師金鳳荷的雞尾酒酒譜，同時也有他為了喜歡能量飲料、營養飲料、傳統飲料的人，而開發出來的各種飲料食譜。這些食譜，讓飲用者身心都很享受、很幸福。

李光滿　Gansam建築 會長

　　人生中，再沒有什麼比朋友彼此相互了解更好的了。我了解他對調酒的愛，同時他也對咖啡師們喜愛的咖啡，懷抱深厚的情感。每次見面時，他都會一一拿出能夠調和咖啡與調酒的飲料工具與音樂，好像在向我炫耀一樣。這樣的他，是我非常珍惜的朋友。

林鐘明　「Beauty Shop」宣傳大使、
韓國MBC連續劇「咖啡王子1號店」顧問、Café By Lim代表

　　我原本認為酒吧文化是「男性專屬」，但喝了金鳳荷的雞尾酒，因為新鮮感而受到很大的衝擊，於是開始接觸酒吧文化。這位喜歡研究與學習的調酒師做出來的雞尾酒，總是很新穎、很出色。但會讓我喜歡的原因，是源於他總是做出能夠慰勞人心的雞尾酒。我打從心底認為他的雞尾酒很好喝，託他的福，我開始享受獨自一人待在酒吧的時間。

許允善　〈Allure〉編輯

　　酒吧裡放著讓心跳加速的節奏音樂，還有隨著這些音樂搖擺身體的人們，這些人的手裡肯定都拿著一杯魅力十足的飲料。創造出這窗景色的人，正是金鳳荷。在他的飲料裡，除了有引人入勝的魅力之外，還有如同青澀水果與草藥香味的熱情與心意。不隱藏、也不使人迷惑，把自己的率直原封不動地投注於飲料中的調酒師，正是金鳳荷。他的飲料就像他的人一樣。

輝煌　模特兒

MIX 飲料與飲料，
MIX 飲料與人，
MIX 喝下飲料的人與人，
MIX 讓他們能美味喝下飲料的音樂，
MIX 愉悅空間裡的文化，
我們就是Mixologist。

Mixology and

　　進入21世紀，人們的個性和興趣越來越多元，職業種類也逐漸越分越細。調酒師這個以往聽起來相當陌生的職業，同樣也是隨著時代改變而誕生的。

　　每當我掏出名片時，常會被問「調酒師是什麼？」為了讓人們更容易理解，我只要回答是酒保（Bartender）就可以了。但，酒保跟調酒師明明就不一樣。

　　調酒師要把人們飲用飲料的空間裡，事先計畫好所有可能的狀況與要素並具體呈現出來，是個需要開闊視野與深入思考的職業。說簡單點，就像在料理這個領域裡，把一般大眾品味與設計感結合的食物造型師一樣，調酒師這個職業並不只是單純把飲料混合，還要把人們的情感和文化都一起混合在飲料中。把專注在飲料這塊領域數十年累積而成的匠人精神與娛樂結合，那就是調酒師。

　　如同音樂人和設計師都有想追求的作品類型，身為調酒師的我也一樣。不僅是酒保這個有趣的職業，還有調酒師這個不但敏感纖細，且不停追求完美飲料的職業，兩者都是必須靠酒來提供顧客最佳服務的美妙職業。

　　曾有段時間，我每天凌晨都會在島山公園練習花式雜耍、酒瓶拋接，甚至練到手指破皮都不自知。我很享受跟自我的戰鬥，每當在酒吧這個舞台上，看見為我拍手歡呼喝采的觀眾時，我就打從心底感到高興。但是，我想從酒保這個身份更上一層樓。那些擁有深厚功力的廚師端出任誰都會驚嘆的料理，我也想讓賓客們看見我不輸給這些廚師的飲料傑作。

調酒與調酒師

Mixologist

「調酒師，
　是把酒吧這個空間的音樂、雞尾酒、對話各種要素混合，
　創造出極致美妙經驗的人。」

　　真正的雞尾酒製作，其實就像做菜一樣，每次都想著親愛的家人幸福的樣子，一面製作飲料。常常用盡全身的力氣，只為創造出留存材料新鮮與均衡的極致美味。調酒如同做菜時會試吃，決定料理的味道，把冰塊與飲料倒入酒杯之前，我會先試喝，再調整各種材料的搭配與味道的平衡。為了做出比蘋果果肉更新鮮的蘋果汁，我會把蘋果的成分、和其他材料如何搭配等訣竅寫在筆記本上。這樣的一本筆記本，其實就和藏有廚師全部心血的筆記沒什麼不同。這樣寫下獨樹一格的飲料製作方法，同時也努力傳達幸福心情的我，是一名調酒師。

　　有了夢想以後，現在能做的事情就變得非常多。比如說：開始研究我國的草莓有幾種、檸檬的酸度跟橘子的甜度是多少？每種水果最好吃的季節是什麼時候？最適合各種酒的材料是哪些？等等問題。每一天都不落後世界趨勢、忙碌地收集情報。但是，能夠傾注我內心無限熱情的這段時光，卻讓我感到無比幸福。

　　《THE MIXOLOGY—王牌調酒師的私藏手札》中，整理了一些能夠讓人成為調酒師的基本內容。從掌控材料的基本技術與方法開始，到世界流行的飲料食譜，全都一網打盡。不僅如此，還收錄了連廚師都好奇的分子調酒（molecular mixology）符合年輕人口味的傳統飲料、到能夠一窺知名調酒師想法的專訪、及我10幾年來秘密創作的獨家酒譜等，還有各種為調酒師精心製作的指南。而我也不斷努力，希望可以把書寫得比煮泡麵還要簡單易懂。也希望那些想為了家人、所愛之人製作飲料的人讀了本書之後，能夠獲得一些幫助。

　　　　　　　　　　　　　　　　　　　　　　調酒師　金鳳荷

CONTENTS

Preparation Class

Lesson 1. Mixologist's Secret Recipe for beginner

Lesson 2. Mixologist's Secret Recipe for intermediate class

Lesson 4. I AM A MIXOLOGIST

後記　以調酒師的身份生活

INTRODUCTION　　早上起來，第一件事就是打開冰箱的門，找清涼的飲料喝。一邊吃飯一邊忙碌移動之時，總覺得想喝杯什麼，大概是因為沒喝咖啡吧。無精打采地結束一天工作之後，傍晚為了許久未見的朋友們找了個特別的地點。無止盡地喝東西，這些都是我們日常生活中再平凡不過的事。就從這些觥籌交錯之間下肚的飲料開始吧！正式課程開始之前，先來了解該準備些什麼。

Preparation Class

Balance between Analog and Modern Style

融合傳統與現代

依照慣例，每當我用碗裝滿傳統米酒的時候，就會想起爸爸撐過辛苦一天的樣子。下雨的日子，也會想起每天早上定時出現在大門前固定位置的玻璃瓶牛奶味。然而要重新找回未經特殊加工和設計的昔日風貌與回憶，卻很困難。除了味道改變，最大的原因還是因為飲用者的想法，以及環境的不同、生活中隱藏無數設計的今日，傳統反而比現代更能成為情感上的慰藉。舉例來說，就像看著黑白照片，能感受過往時光那份無法用言語訴說的濃厚情感。

每當在策劃、設計新飲料的時候，我都會思考到飲用者的情感。而且，我通常是站在兼具傳統與現代的基準上進行。擁有感性的設計飲料、擁有設計的感性滋味，就介於傳統與現代之間。

煩惱如何把現代與傳統混合的更加美味、更加健康、更加新奇，或許也是調酒師的幸福之一……

Control all the five senses

整合五感

　　我們在喝燒酒時，常會用「好甜」、「好苦」這類的形容詞。明明同樣都是燒酒，為什麼有時候會覺得甜，有時候又覺得苦呢？我一直都很好奇。雖然曾以為是燒酒的問題，但其實我所感覺到的燒酒味，是由我們的五感來決定的。

　　五感，就是視覺、聽覺、嗅覺、味覺、觸覺，這些感覺會下意識刺激我們的情感。想像一下去喝燒酒的時候吧，喧鬧的酒店、吵雜的音樂與人們交談的聲音，許多女人的香水味交雜在一起、店員拿來的冰涼燒酒瓶、我那天的身心狀況等等⋯⋯這些感覺混合在一起，就會影響決定當天燒酒味道的味覺，最後再把這樣的訊息轉變成感性。

　　不僅是燒酒，所有喝的、吃的東西都會經過這種過程。所有製作條件都一樣的燒酒味道是如此，更何況是現場製作的雞尾酒，就算按照相同製作方式的酒譜一步步來，味道還是很難統一。

　　喝飲料時，會讓人感覺好喝的甜度大概是15～20%之間。這雖然是靠統計跟實驗得到的結果，但情感和五感所帶來的影響，至今卻還沒有解讀的依據。其實情感這東西是沒辦法測量的，它時時刻刻都在改變，隨著跟誰在哪裡用什麼方法吃什麼，感覺都會不同。

　　所以，這世上所有做菜與做飲料的人都必須銘記在心，不要完全依靠食譜和技巧，就連飲用者當天的製作心情，都要一併考慮進去。

Details of difference

滿足五感的調酒師

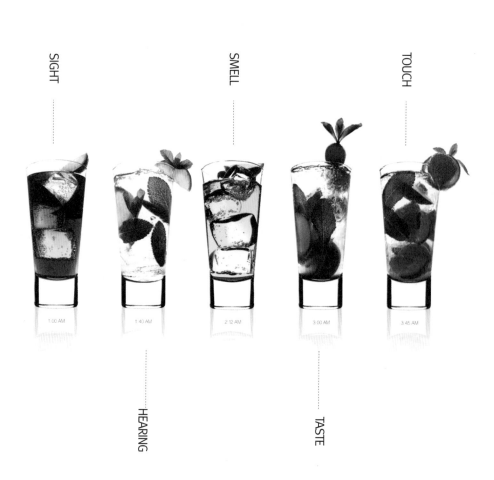

SIGHT

SMELL

TOUCH

HEARING

TASTE

1:00 AM

1:40 AM

2:12 AM

3:00 AM

3:45 AM

SIGHT

視覺＊如果接受活動迎賓雞尾酒的委託，我的第一要務是選擇雞尾酒杯。賓客抵達派對後最先提供的迎賓雞尾酒元素中，最重要的就是杯子的外型。因為眼睛看到的、手摸到的雞尾酒杯型態與材質，會在賓客腦海中留下活動的第一印象。選擇雞尾酒杯時最重要的標準，一定要是「容易拿、容易喝、容易放下的杯子」。

SMELL

嗅覺＊如同站在麵包店前會聞到的烤麵包味一樣，食物的香味有助於勾起人們的食慾，雞尾酒也是同樣的道理，客人所點的雞尾酒通常會有水果，勾起他們慾望的方法之一，就是利用這些水果的天然香味。偷偷跑到客人身邊，去灑下一些與他點的酒相似的天然香精吧！這樣能夠提高他的期待，也讓他更愉快。

TOUCH

觸覺＊如果客人喝的是馬丁尼，那杯子的溫度就必須要比內容物更冷。所以馬丁尼杯通常會保存在冷凍庫裡，等到拿出來要服務客人時，杯子上甚至會結一層薄薄的霜，這是為了讓飲用者能徹底地享受馬丁尼特有的澀與純，但並不是所有的雞尾酒杯都必須要冷凍保存，如果要加入牛奶或水果果肉，溫度太低的話，會使牛奶分離出來導致味道改變，或使果肉口感起變化，這些都要特別注意。而冬天時加入咖啡或威士忌，需熱到一定溫度才喝下肚的雞尾酒，則要把酒杯放在裝滿熱檸檬或桂皮香的大玻璃杯裡，用蒸的方式溫熱。

這是防止雞尾酒變冷，並用檸檬或桂皮香味中和熱雞尾酒過濃酒精味的一個過程。

　　觸覺裡另一個重要的部份，是咀嚼食物時所感受到的口感。為了如實地傳達咀嚼的感覺，我們會選擇壓爛水果取代用攪拌機打爛。有時會放入萊姆果粒替代萊姆果汁，製造水果在嘴裡爆開的感覺、或利用肉桂捲搭配雞尾酒所形成的香味等，讓喝的人能夠品嚐各種不同味道，不會因為沒有變化而感到無聊。當人們期待的口感與食物口感一致的時候，就會獲得觸覺上的快樂。

HEARING

聽覺 ＊音樂的選擇要搭配整體氣氛。從中等節奏的音樂開始逐漸進入快節奏，人們跟著音樂的搖擺也會伴隨酒氣，讓人更容易陶醉在其中。而當酒吧的氣氛比較沉穩時，就要選擇節奏較慢的音樂，選擇讓身體有反應的歌曲最好。而最好的選擇方式，還是要觀察顧客們的氣氛、酒吧裡整體的氣氛之後，讓這些感覺自然引領你選擇音樂的氛圍，選擇可以讓人自然融入空間的音樂，或是會引發人好奇心的音樂。一旦音樂的節奏與搖動雞尾酒的拍子結合，就非常自然地能讓酒吧中的人聽見唷。

popsop.com 　　　從世界品牌新聞就可以看到飲料的流行趨勢。
www.beatport.com 　　可以聽到全世界音樂排行榜與DJ Mix試聽版的網站，在能夠了解音樂流動的DJ間秘密流傳。

TASTE

味覺 ＊味道這東西，會根據人的喜好有所不同。因此，要滿足100位客人這件事應該可以說是不可能。但是我總是為了獲得100位中一半以上的客人好評而努力。為此，製作食物的人，必須要徹底精通能使味道產生變化的五感概念。像是製作馬丁尼時，要先把玻璃棍狀溫度計放到杯子裡，等杯子達到一定溫度、努力維持材料的新鮮等，這些必須要注意的要素真是數也數不完。

Equipments

調酒師的工具

　　來介紹調配出一杯好喝飲料的方便工具吧！只要活用接下來介紹的這些傢伙，就可以縮短時間減少失誤，還可以讓那些害人神經緊繃的麻煩事通通消失。請謹記，不熟悉的刀子反而更容易割到手，對工具的喜愛跟細膩的技巧，是快速製作出更好喝、新鮮飲料的方法。

Muddler ∘•∘ 攪拌棒

　　只要想成是從媽媽在搗大蒜時使用的棍子升級而來的就行了。柑橘類水果的外皮當中，隱藏著清爽香味，雖然光是使用常見的柑橘類果汁，就已經不簡單了，但還是更上一層樓，試著萃取出水果香來用吧！它是能夠把果肉的質感與味道如實呈現在飲料中的好工具。

HAND LEMON SQUEEZER ∘•∘ 手動檸檬榨汁器

　　是種可以快速又便利取得檸檬或萊姆汁液的工具，甚至可以壓榨果皮進一步取得清爽香味。

BAR SPOON ∘•∘ 調酒用長柄匙

　　主要用於攪拌飲料，用來控制因密度不同而分離的液體壓力。通常用在分層法（Layering）或漂浮法（Floating）。

STRAINER ◦•◦ 過濾器

　　用來防止冰塊或內容物掉入杯中的工具。通常會跟網狀的過濾網一起使用，可以把小碎冰和香草，或者是水果渣都一起過濾掉。這稱做雙重過濾，主要用於製作馬丁尼。

POURER ◦•◦ 注酒器

　　把瓶子裡大幅流出的酒量，轉換成一條細長水柱的工具。可熟練到只數「一、二、三」就能正確倒出30ml、45ml為止。是讓人不必擔心會浪費高價酒的奇特工具。

SHAKER ◦•◦ 調酒杯

　　具有把欲使用的飲料和材料，在短時間內完美混合的功能，同時也能讓溫熱的飲料冷卻。用這種工具強烈搖晃牛奶或果汁類的飲料，能夠產生柔順又綿密的泡泡。

JIGGER ◦•◦ 量酒器

　　正確測量欲使用的液體，可以說是雞尾酒專用的測量杯。主要以盎司為單位，以毫升為單位則較為少見。如果沒有準備量酒器，也可以用一口杯（Shot glass）替代。

VODKA

RUM

Bases of Cocktail

雞尾酒的基酒

VODKA ॰•॰ 伏特加

　　受到斯拉夫民族的喜愛,可說是斯拉夫民族的國民酒。具有無色(Colorless)、無味(Tasteless)、無臭(Odourless)三大特徵的伏特加,很能夠跟其他的材料混合,常被使用於製作各種飲料。過去只要點馬丁尼,只會用琴酒(Gin)跟苦艾酒(Vermouth)混合製作,但現在大家都比較偏好結合了新鮮材料的伏特加馬丁尼,伏特加的市場正在逐漸擴張。

　　伏特加是將小麥、黑麥、馬鈴薯、玉米等穀物拿去蒸,然後跟大麥芽和酵母混合發酵,接著經歷過濾、精製的過程才誕生的。因為當時釀造技術不發達,很難做出香味四溢的蒸餾酒,所以人們會把寒帶林地區豐富的白樺樹做成炭,用來過濾跟去除味道。而現在已經成為蒸餾酒代表的伏特加有很多不同種類,其中灰雁伏特加(Grey Goose)因為最受好萊塢明星喜愛而享負盛名,使用法國干邑區產的小麥當原料,經過五次蒸餾後散發出柔順的香味,也因此廣受大眾喜愛。

RUM ॰•॰ 蘭姆酒

　　甘蔗糖蜜在熱帶地區的氣溫之下很容易發酵,只要濃縮過後就會變成酒精,這叫做甘蔗酒(Cachaca)。甘蔗酒只要經過蒸餾,即能做出蘭姆這種價格便宜的蒸餾酒。

　　甘蔗糖蜜因為偏酸所以味道比較好,而且還有獨特的甜味與香味,一般都含有55%～65%的糖分。在讓糖蜜發酵時主要採用自然發酵法,且發酵時不僅會加入酵母,還會加入很多種微生物,以製造出蘭姆酒特有的香味。

這種香味強烈的蘭姆酒，稱為「濃香（Heavy Rum）」。

一般蘭姆酒分為「白蘭姆（White Rum）」、「金蘭姆（Gold Rum）」、「黑蘭姆（Dark Rum）」。古巴傳統的百加得蘭姆酒（Bacardi Rum）就是白蘭姆，是世界蘭姆酒銷售市場的第一名。通常用於製作我們熟悉的 Mojito、Daiquiri、自由古巴（Cuba Libre）等飲料。

GIN ◦◦◦琴酒

17世紀荷蘭萊頓大學醫學系的西爾維烏斯教授（Franciscus Sylvius），為了保護在東印度地區工作的荷蘭人免於感染熱帶疾病，而開發出了一種藥用酒，這就是最早的琴酒。

因為内有具利尿作用和解熱效果的杜松梅（Juniper Berry），所以早期琴酒都被當成退燒特效藥在藥局販售。但琴酒後來因為清爽香味受到注意，使它的銷售量越來越好，接著便在英國迅速流行起來。

龐貝蘭鑽特級琴酒（Bombay Sapphire Gin），是以蒸餾酒精的蒸餾器，一面通過裝有十種珍貴藥草的籃子，一面吸收這些藥草的香味而來，龐貝藍鑽特級琴酒因同時擁有無可比擬的複合香味與清甜滋味，通常用來當作馬丁尼、龐貝琴湯尼（Sapphire Tonic）、螺絲起子（Gimlet）等雞尾酒的基酒，而受到廣大的喜愛。

TEQUILA ◦◦◦龍舌蘭

18世紀中葉，在墨西哥哈利斯科洲的一個村莊附近，發生了一場山林大火，這場大火同時也燒焦了生長在該地區山嶽地方一種叫做龍舌蘭（因為長得像龍的舌頭而得來的名字）的植物，燒焦後的龍舌蘭散發出一種獨特的甜味。墨西哥人把這種獨特植物的汁液拿去發酵，製成無色的透明蒸餾酒，這正是龍舌蘭酒的始祖，直到18世紀後半才開始演變成今天我們看到的龍舌蘭酒。現在，一定要是在特吉拉鎮周圍和哈利斯科洲泰普提特蘭市周圍生產，龍舌蘭含量超過51%以上的，才能被稱為「龍舌蘭酒」。以龍舌蘭酒作為基酒的飲料有瑪格麗特、龍舌蘭日出、長島冰茶等。

○ ● ○

GIN

○ ● ○

TEQUILA

WHISK(E)Y ··· 威士忌

　　把穀物磨成粉末狀之後，加熱做成澱粉。接著把澱粉混在水中，加入麥子和未經加工的麥芽，再經過釀造與發酵後進行蒸餾，經過這些過程，就可以做出濃度最高94%的酒精，最後再用乾淨的水稀釋成酒，這就是威士忌。威士忌的種類大致可以分三種，麥芽（Malt）、穀物（Grain）以及兩種混合做成的混合（Blended）威士忌。

　　麥芽威士忌是只用麥芽當作原料的威士忌，是一種用泥炭烘烤麥芽乾燥，讓麥芽能吸取泥炭香氣的威士忌。穀物威士忌則是用玉米和麥芽混合，使其糖化之後再進行發酵、蒸餾等步驟。因為幾乎沒有味道或香味，雖然價格便宜但品質卻比不上麥芽威士忌。製作的主要目的，都是為了製作麥芽威士忌和混合威士忌。

　　混合威士忌是把麥芽威士忌與穀物威士忌混合而成的，目前佔整體威士忌銷售市場的97%。隨著混合比例的不同味道也會改變，所以各公司的混合比例一般不會正式公開。此外，還有以地區作為區別的分類法，可分為蘇格蘭威士忌、美國（波本）威士忌、加拿大威士忌、愛爾蘭威士忌等。依製作方法的差異和環境等因素，各有各的特徵。威士忌的寫法有美國式的Whisky和英國式的Whiskey，兩個都有人使用。以威士忌作為基酒的飲料有鏽鐵丁（Rusty Nail）、林奇堡檸檬汁（Lynchburg Lemonade）、曼哈頓（Manhattan）、酸威士忌（Whisky Sour）等。

COGNAC ··· 干邑白蘭地

　　這是白蘭地的一種，只有產於法國中西部干邑地區的白蘭地才能叫做干邑。雖然所有的干邑都是白蘭地（Brandy），但並不是所有的白蘭地都可以是干邑。所謂的白蘭地，是內含水果的發酵液蒸餾後做出的高濃度酒精，隨著原料不同可分為葡萄、蘋果、櫻桃白蘭地等種類。其中份量最多、品質最好的葡萄白蘭地就是我們一般所說的干邑白蘭地。雖然主要都是裝在玻璃杯裡溫溫的喝，不過也會用於製作側車（Side Car）、亞歷山大（Alexander）、B&B等雞尾酒。

WHISK(E)Y

COGNAC

LIQUEUR

BITTERS

LIQUEUR ◦◦利口酒

　　是種在威士忌、白蘭地等蒸餾酒中加入砂糖、糖漿、水果、藥草等材料之後，產生香味和味道的酒精飲料，跟韓國的浸泡傳統酒的方法很類似。名字「溶解 (Liquefacere)」取自拉丁語中意指融入各種香料與藥草成分的意含，比起單獨飲用，利口酒更常被用來當作突顯各種特徵、平衡各種美味的雞尾酒副材料。

　　利口酒的製作方法有和現在的浸漬酒一樣，把原料浸到酒精裡進行蒸餾後，再加入砂糖、葡萄糖、蜂蜜等含糖香料的蒸餾法 (Distillation)；也有將果實或草根木皮浸泡在酒精裡，以擷取其香氣的浸漬法 (Maceration)；在酒精裡加入天然或合成的香料或精油的合成法 (Compounding) 等三種，也可以把這三種方法一起混合使用。

　　一般在法國這類的歐洲國家，利口酒都當作餐前酒飲用。利口酒的酒精濃度較蒸餾酒低，很受女性喜愛。使用利口酒的酒類代表是卡魯哇香甜咖啡酒 (Kahlua)、貝禮詩香甜奶酒 (Baileys) 等。

BITTERS ◦◦苦酒

　　雖然是用苦這個單字，不過這裡指的是常被使用在雞尾酒中的苦酒 (Bitter)。在法文中叫做Amer，是從18世紀初期流傳下來的飲料。用途有當作開胃酒、保健腸胃、雞尾酒用香料劑等。這種酒含有苦味，是因為加入了龍膽 (Gentian)、奎寧 (Quinine)、橘子皮等材料的萃取物質。龍膽是在阿爾卑斯山區與南歐被廣泛種植的藥草，用這種藥草根部的濃縮液製成的苦酒，具有很好的健胃效果。

　　苦酒中世界知名的安格式苦酒 (Angostura Bitters)，是調製雞尾酒用的常備品。因為濃度太高的酒精會傷胃，所以會加入一兩滴這種酒來解毒。橙子苦液 (Orange Bitters) 是用橘皮濃縮液做成的，除了苦味之外還多了橘子的香味，可用於製作雞尾酒。此外也可以搭配各種水果的特性，改用桃子、檸檬濃縮液。

What is the best taste drink?

創造世界上最好喝的飲料

　　如果希望飲料中擁有世上所有味道，那實在無法擔保飲料會好喝。而就算在家中，也可以做出很多好喝、新鮮的飲料。當然，你要有能夠親自選擇新鮮材料的能力與機會。

　　製作飲料有件要銘記在心的事，那就是飲料的冰塊與溫度，這就像我們確認飲料保存期限一樣重要。而在放進冰塊之前，如果有先確認過新鮮水果的甜度與酸度，這杯飲料就會成為世界上最好喝的飲料。

金鳳荷的 know-how

1. 使用實在且乾淨的冰塊。可以延緩冰塊溶化的時間，也能夠維持飲料的味道。
2. 為了新鮮的觸感，要事先準備好冰涼的玻璃杯。
3. 放冰塊之前先試一次味道，讓自己有多一次機會做修正。

「情感的味道」

　　如果把世界上所有的酒譜都背下來，能在短時間內大大改善製作飲料的實力嗎？當然，不管是什麼東西，只要好喝就好。不過昨天喝過的馬丁尼，跟今天喝的馬丁尼，絕對不會是一樣的。並不是因為製作者的實力，而是飲用者的感情與當天周圍環境這些不能忽視的問題，都會成為影響味道的理由。

　　相對地，製作者的情感也很重要，就算依照正確的酒譜製作出雞尾酒，也還是會因為製作者情感的微妙差異，使我們難以依樣畫葫蘆地把前一天的味道做出來。

　　看到新鮮的水果，我的習慣是會先用我的情感與想像力，去思考要製作成哪種飲料？

　　而這是為了抓住情感的味道而做的練習。

Story of
草莓的故事
Strawberry

　　很希望再做出昨天自己做來喝的美味草莓果汁，所以今天在回家路上也買了草莓。為了做出好喝的新鮮果汁，你就像平常一樣依照寫好的食譜，加入糖漿跟冰塊到果汁機裡開始打果汁。甚至還做了看起來很好吃的裝飾，然後端給自己親愛的家人們。帶著滿滿的期待，但大家卻異口同聲地說沒味道，讓你非常傷心，到底問題在哪裡？

　　問題在於草莓變化無常的味道。一年中可以吃到草莓的季節是11月到5月，我們大概有6個月可以吃到好吃的草莓。但是草莓是一種甜度與酸度不固定的天然食材，所以在試吃之前很難抓準它的味道究竟如何。果汁得到的評價比預期還糟，是因為昨天買的草莓比今天買的草莓好吃。

　　那，我們就只能面對難吃的飲料不停對草莓發出怨念嗎？不是的。我們要做的事情，就像在家裡煮湯時會加鹽巴來調味一樣，做飲料的時候也要在過程中試味道。使用天然食材，要隨甜度與酸度來增減味道，這稱作飲料的「調味」。甜度不足時就加黃砂糖做出順口的天然甜度；酸度不足的時候，就稍微放一點檸檬汁調整它的新鮮感與清爽度，這樣我手中的所有水果，隨時都能變成好喝的飲料。

金鳳荷的know-how

1. 用於飲料中的所有材料都必須要經過確認。要檢查顏色、味道、香味，就試吃水果的邊緣部份。如果水果最不甜的邊緣部份有味道，那這顆水果就擁有最佳的條件。
2. 混合好想做的飲料之後到放入冰塊之前，要先試味道已調整到適合的甜度和酸度。

The sweets and the bitters

甜就吞下，苦就吐出，
這是我們最真實的味覺。
從現有的材料與方法中跳脫出來吧！
必須將甜蜜好吃的最佳水果做
絕妙的調和，找出雞尾酒的平衡點。

Design for Cocktail

該裝些什麼？

　　我曾經苦惱過「是把飲料裝入杯子呢，還是在杯子裡裝入飲料呢」。要做飲料難道就一定要擁有全部的杯子嗎？

　　設計替我們的日常生活帶來很多變化，時尚與室內裝潢，還有我們持有的東西，全都包含在設計當中。很多時候，一個飲料瓶外型、材質、顏色的改變，都會讓我們在選擇的瞬間產生猶豫。

　　暫時忘了杯子吧，現在已經是在實驗用器皿中裝進好喝飲料的時代了！只要你想做的飲料容量與濃度容許，就算是鐵碗也能夠變成美麗的玻璃杯，你可是擁有無限的潛在設計能力唷。

失誤造成的情感設計

　　小時候的自然課，我常常忙著在做其他的事情而連燒杯跟錐型瓶都分不清楚。大概是幾年前吧，我不小心滑倒，把手上應該要裝飲料的玻璃杯打破了。一面為掩飾慌張神色而花費心思，一面四處找可替代的杯子，而我找到的就是一個實驗用具。當時我用這個跟自己做的飲料很不搭嘎的容器，卻被評價為「突顯新鮮的創意」。

　　最近人們開始關注燒杯、塑膠量杯、三角錐型瓶這一類的科學實驗工具。為什麼？或許是因為日常生活無法輕易接觸到的神秘感與好奇心，還有就是以乾淨與衛生為準則的實驗室燒杯和「樂活」這個名詞很搭調吧。

AROMA AMPLE   SOUR

CAVIAR   ORANGE AROMA

INFUSION   DRIED OMIJA

SPRAY OF BITTERS

RASPBERRY INFUSION

DRIED FLOWER   HERBS

AMPLE

打破吧！

試圖打破自我想法與無法入手的材料的界線。
時時關心注意並養成收集材料的習慣，
創造出世上唯一僅有，專屬於我的珍貴材料。

How to choose
選擇新鮮材料的方法
fresh ingredients

　　一邊搓揉眼睛一邊在還昏昏沉沉之際前往미樂市場。只要聞到充斥著可樂市場的食材香味、看見市場裡做生意的人們，會覺得「這就是真正的幸福」並感受到何謂生活。

　　可樂市場是韓國各產地出產食材的第一個聚集站，也是可以用最低價格買到季節水果和副材料的地方。但是非產季的材料價格卻天差地遠，所以在這裡購買當季代表性水果最經濟實惠。

　　在根據客人與飲料種類不同計算要買多少材料時，假設今天帶回去的材料並不會全部用完而會剩下，那購買約兩天分的材料最為恰當，因為新鮮的材料是無法放置超過兩天以上的。

　　趕市集的時候，要先把酒譜上一杯飲料所用的食材份量筆記下來。清單上有草莓馬丁尼、石榴馬丁尼、檸檬蘇打等。草莓馬丁尼一杯要用四顆草莓，石榴馬丁尼一杯要用1/4顆石榴，檸檬馬丁尼一杯需要一顆檸檬。製作糖漿所需的砂糖是加工產品，買適當的量就可以了。

　　那假設今天的派對邀請了二十位客人，來試著購買所需的材料分量吧！

　　要買的材料是草莓2袋（一袋大約40個）、石榴5個、檸檬20個，白砂糖1包即可。

　　今天的派對準備結束！

＊譯註：可樂市場位於韓國松坡區現代公寓前，為韓國國內最大的農、水產批發市場。

食材的組合

　　我有不停開關冰箱門的習慣。既不是肚子餓也不是渴,而是沒事就打開冰箱門確認的習慣。就像冰箱裡面一定有我問題的解答一樣。

　　雖然吃好的食物也很重要,但更重要的是有效攝取食材中的養分。舉例來說,同時吃菠菜跟豆腐,菠菜中的草酸會分解豆腐中的豐富鈣質,導致人體產生結石。還有,紅蘿蔔跟黃瓜如果一起吃,紅蘿蔔裡的維他命C氧化酵素會破壞黃瓜裡的維他命C,營養成分就消失了。相反的,迷迭香跟蘋果一起食用的話,可以提升蘋果果膠的效用,並能促進腸道蠕動幫助消化,是很好的食物組合。

　　比起執著於好吃的材料,還是盡可能做一個分析各種材料成分並考慮食物組合的親切調酒師吧!

How to
料理與使用水果的方法
cut and use fruits

　　同樣的水果依據橫切或直切等不同的切法,可能會變成有用的材料,也可能會成為沒用的材料。無論再好的材料都可能因為錯誤的刀法而變成廢物,接下來介紹水果切法的正確名稱、方法與用途。

Chop ⁝⁝切

使用在料理中把洋蔥、馬鈴薯、紅蘿蔔等較硬的材料切成塊的刀法。飲料中則是用於突顯蘋果、梨子等較脆的水果口感。

Wedge ⁝⁝擠

是讓你用手就能輕鬆擠出果汁的方法,主要是在果汁或汽水搭配各種基酒時,用來調整酸甜度的。檸檬或萊姆只要切成8~12等分即可。

Slice ⁝⁝切片

常用作直接飲用,也可以用於裝飾或是讓食物散發淡淡的香味之途。主要用途是在一口喝下烈酒之後,為消除強烈的味道而使用。先直的把水果切成兩半,接著再切成薄薄的半圓形。

Wheel ∘•∘ 輪型切片

因為切下來的樣子跟汽車車輪很像,所以才有這個名字,通常用於裝飾或是加在飲料裡增加香味,或跟砂糖一起密封醃漬時也會用這個方法。

Twist ∘•∘ 削皮

雖然用刮果皮刀(Zester)來削比較方便,不過如果沒有刮果皮刀時,也可以把已經變成輪型切片的水果果肉挖掉,直接使用果皮。主要用於飲料的裝飾,或是要製造濃郁果皮香時使用。

Zest ∘•∘ 調香

主要是燃燒果皮中含有的油脂,做出揮發水果香味的火燄時使用。一般會在玻璃杯緣抹上果皮油脂,以製造濃郁香味。雖然也可以用刀削,不過用專門的削皮器會更安全方便。

Mudding 。• 擠壓

不用攪拌機攪拌而是用擠壓的方式，原因在於用擠壓法處理材料，食物放進嘴裡咀嚼時還是能夠有果肉的口感。也是為了讓人享受吃到草莓和奇異果籽在嘴裡爆開的愉悅，或想獲取橘子皮與各種香草豐富香味的作法。

ORANGE FLAMING 火焰柑橘

像橘子這種柑橘類水果，果皮中都含有豐富的香味和油脂。就像小時候在自然課做過的實驗一樣，只要少量的這類油脂，就可以提供電器能源，而且它揮發性很強，會迅速蒸發在空氣中，同時也具有快速氧化的性質。橘子中也含有90%具抗病毒功能的檸檬稀成分。

喝飲料以前，用柑橘油塗抹在玻璃杯緣，讓飲料散發新鮮濃厚的香味，使香味從鼻子傳達到腦中。如果能熟悉這種手法，並經常使用在像柯夢波丹這類的雞尾酒上，就可以讓飲用者感受到飲料的美麗融合。製作火焰的方法，首先要切下不帶任何果肉的果皮，然後稍微夾著邊緣近距離用火燒。這時候油的噴射方向與距離不要離飲料的內容物太近，這樣噴灑的範圍才會比較廣。

No overlook
別忽視冰塊的重要性
the ice

　　飲料裡決定味道的因素是什麼？糖漿的量、酒的量、水果熟的程度等所有因素都很重要。不過真正能讓人說出飲料「很新鮮」的，是握在手裡的溫度。也就是透過觸覺感受涼爽。搖晃內容物與冰塊，讓飲料溫度瞬間下降的搖拌法，沒有清澈的冰塊也完全不可能成功。

　　之前有間知名刨冰店，在悶熱的夏天裡刨冰機居然壞了，只能拿冰塊放進刨冰裡充數。這是怎麼被客人接受的？刨冰最基本的剉冰都沒有，就連小學生，店家都得低頭賠不是。

　　當堅硬的冰塊與液體相遇，不僅要讓人從視覺上看見冰塊溶化，也要有快速讓飲料冷卻這種眼睛看不見的功效。基於這點，我會特別注重冰塊的控管。也會強調製造冰塊的製冰機，以及供給的水質狀態、濾水器管理等這類飲料製作的基本要件。

　　也是因為這樣，讓我開始研究冰雕 (Ice carving)。8年前，有某個日本觀光客偶然造訪我工作的店，他問我說「這裡有沒有冰球？」我當場用刀子刻起冰塊（製冰機裡用模型做出來的四角型冰塊），做出一個冰球給他。他高興的看了一陣子，然後告訴我日本展出冰雕 (雕刻巨大冰塊做成的冰雕) 的酒吧文化。在遇到他之後，我就好像到冰塊工廠上班一樣，開始每天刻大型塊狀冰塊。別人問的時候，我都跟他們說別把刻冰塊這行為看得很沒意義。

　　隨著我最近對麥芽威士忌越來越有興趣，對冰雕的關注也就越來越多。註：冰球的整體是個球形，會變成一個360度的面。

　　當冰球遇上像麥芽威士忌這類反應很快的液體時，它所有的面都會接觸到液體，飲料也會立刻冷卻，且它也溶化得也很慢，能夠拉長飲料的保存時間。優點是讓人不用因為擔心走味，而慌慌張張把酒喝下肚。

　　除了這種冰球以外，一邊製作飲料，也要一邊思考像是四角冰塊、碎冰這類用途不同的冰塊作法與其意義，因為這會變成一杯關係你個人自尊的飲料。

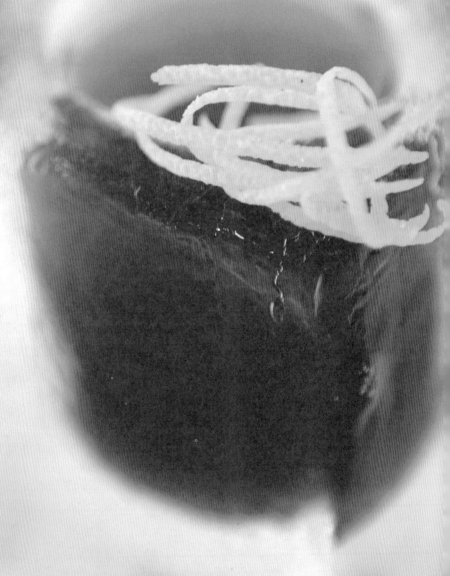

經 典 的 另 一 種 表 現 方 式

I C E　　B A R

Basic Techniques
基礎技巧

　　如果有了做飲料用的材料和工具，下一步就是如何熟練地操作這些工具，用它們製作出好喝飲料的技巧了。如果不練熟使用工具的方法和技術，就無法感受到製作飲料的樂趣，最後甚至會放棄唷。

Pouring ∘·∘ 傾注

　　是在玻璃杯中的冰塊上倒飲料的方法。要熟練到倒入時液體不會流到外面，可以完美地裝入杯中為止。

Building ∘·∘ 注入

　　就像字面上的意思，是指按照順序自然地把各種材料加在一起裝進杯子裡。在玻璃杯裡裝滿冰塊後，慢慢加入符合杯子容量的材料，這時候如果把材料倒在冰塊上面，一不小心就可能會濺到杯子外面弄髒桌面，所以重點是要倒得像慢慢沿著杯子流下去一樣，最後端上飲料之前，別忘記稍微攪拌一下。

Blending ∘·∘ 打勻

　　通常被稱為攪拌機的Blender，在這裡是指把水果跟液體類加在一起，再跟冰塊一起混合的技巧。當材料跟碎冰一起攪拌，就能做出泥狀的清涼飲料。

　　用有油和碳水化合物的水果或副材料一起攪拌，就會變成冰砂。

Shaking ∘·∘ 搖拌法

搖拌法是把冰塊跟內容物裝在一起搖晃的技巧。比起短暫保存在冰箱裡的飲料，這種技巧更能夠有效做出清涼飲料。搖拌法有個重點，就是把紮實的冰塊跟內容物放入調酒杯中，放掉空氣之後接著一面轉動調酒杯裡的冰塊，一面溫柔搖晃它。要混合不易相互結合的材料時，可以使用強烈的搖拌法。這時重點也一樣，要轉動冰塊並強烈搖晃調酒杯，這樣是為了讓完成品倒入杯中時，不會產生冰塊的碎屑。

一般都是用傳統調酒杯（Classic Shaker）和波士頓調酒杯（Boston Shaker）兩種。傳統調酒杯也稱為 Cobbler Shaker，分為杯身、杯蓋、杯帽三個部份。主要用於一面搖晃冰塊讓冰塊不碎裂，同時也能追求完美的味道平衡。但是最近都在製作超越材料極限的飲料，為了具備大容量並採用強烈的搖拌法，使用調酒玻璃內杯和調拌罐搭配組成的波士頓調酒杯已經成為趨勢。

Strain ∘·∘ 過濾法

在飲料中加進新鮮的香草、新鮮水果這類副材料，然後使用搖拌法的話，會讓異物一起被倒進玻璃杯裡。這時就要利用過濾器把副材料篩除，讓杯中只裝進液體，這種技巧稱為過濾法。過濾器通常會和濾網一起使用，而經過兩次過濾的稱為雙重過濾法，可以讓玻璃杯裡面只裝有充份散發香味與味道的清澈液體。

Stirring ∘•∘ 攪拌法

　　這是為了讓由兩種或三種材料組合而成的液體，能夠完美結合並達到平衡的技巧。要輕輕握著長柄匙，在攪拌杯中慢慢攪拌。攪拌時要微微晃動冰塊，並避免內容物和冰塊溢出來，這樣才能夠讓味道均衡散開。這個技巧的重點是用大拇指、食指、中指握著長柄匙，不斷讓攪拌杯中的冰塊與液體輕輕轉動。如果攪拌太久，冰塊會快速溶解，也會打破味道的平衡，所以這是個需要快速與正確執行的技巧。

Layering & Floating ∘•∘ 分層法與漂浮法

　　這是利用液體的密度差異來做出層次，使杯中各色液體分層堆積起來的技巧。密度越低的液體越會浮在上面，而液體的甜度越高密度就越高。分層法與漂浮法其實是同樣的技巧，其差別在於漂浮法是能確實看見各液體顏色的界線，在液體與液體之間呈現出清楚的分界。

　　方法有沿著玻璃杯壁讓液體慢慢流下去以製造壓力差，和調整注酒器的氣孔控制液體一點點慢慢流出來等兩種方法。

Frosting ∘•∘ 杯口加霜

　　這個技巧是指用檸檬或萊姆汁沾濕玻璃杯口部分，然後再用玻璃杯口去沾砂糖或鹽巴。因為是用副材料沾濕玻璃杯與嘴巴接觸的杯緣（Rim），所以叫做杯口加糖圈（Rimming），而這樣看起來又很像玻璃杯上積雪，所以又稱為雪糖（鹽）杯（Snow Style）。

搖拌法與攪拌法的差別

　　如果要讓雞尾酒中的材料完全混合或讓它產生泡泡，那就一定要用搖拌法。但是像馬丁尼或曼哈頓這種只用酒類製作而成的雞尾酒，就比較適合用攪拌法，因為用攪拌法做出來的成品會像水晶一樣乾淨。

　　那，為什麼007系列的詹姆士龐德，會點「伏特加馬丁尼，不要攪拌要搖」呢？原本稍微攪拌一下不採用搖拌法，是為了防止冰塊溶化，但如果不攪拌而放進冰塊搖拌的話，雞尾酒會一下子變冷，冰塊也會融化而讓味道變淡，所以如果想喝淡一點的馬丁尼或曼哈頓，就只要學詹姆士龐德那樣點就行囉。

INTRODUCTION　直接來試做本來覺得又遙遠又困難的飲料吧。為了自己、為了愛我的人選擇新鮮材料，然後用這些天然材料直接做成浸漬糖漿，是件非常幸福的事。比起依靠簡便藥丸攝取維他命，喝下直接用新鮮水果做成的自製維他命飲料，才能替我的人生注入更多活力。
這次的課程中，將從可以直接在家裡輕鬆製作的飲料酒譜開始介紹。一邊看書一邊期待魔幻瞬間的到來吧，讓冰箱裡的平凡材料變成專屬於你的獨特飲料。

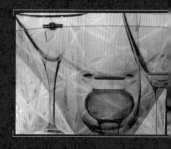

Lesson 1

Mixologist's Secret Recipe

for beginner

Making Various Syrups
製作各種糖漿

SugarSyrup 砂糖糖漿

一般我們所說的糖漿就是指砂糖糖漿，只要將白砂糖和熱水用1：1的
比例混合並充分攪拌後就完成了。在家中只要用容量相同的玻璃杯裝一
杯砂糖，另外裝一杯熱水一起倒進一個大容器裡面，一面攪拌一面讓它
冷卻即可。如果砂糖的比例比水多，做出來的糖漿量會比較少，但甜度
也會變高。

Home made
Organic Syrup 自製有機糖漿

準備五味子、甘草、決明子、柑橘等你想做的飲料材料。

1.決定你想做的糖漿成分與用途，準備符合用途與飲料成分的材料。

2.燒500ml的水，在燒水的時候處理一下你準備好的材料。藥材市場買
來的材料上會附著泥土或髒東西，把這些用冷水輕輕洗掉後，再用篩網
把水瀝乾。

3.水滾後把材料放進去，慢慢攪拌到顏色與香味被充分煮出來為止。接
著把火關掉，用料理用的篩網把內容物撈起來。

4.用1：1的比例在燒開的水裡加入砂糖，攪拌到砂糖完全溶解為止。
這時可以使用有刻度的容器，還有要在水冷掉之前把砂糖加進去，這樣
砂糖才能充分溶解。把慢慢冷卻的糖漿裝進透明容器裡，並標上日期與
名稱再保存。

Home made Vitamin drinks

韓國人是世界上吃下最多維他命藥丸的民族。一個成人平均一天所需攝取的維他命建議量為100～200mg，但是維他命不容易吸收，且很容易變成小便排出體外。與其吃藥丸提高維他命的吸收率，不如透過水果這類的天然食材自然攝取更好。現在來了解一下，如何能夠讓家人和我喝到好喝的維他命。

自製能量飲料

Squash 蘇打

新鮮的檸檬1個　1 Fresh Lemon
黃砂糖2茶匙　2tsp Brown sugar
砂糖糖漿 **30ml**　30ml Sugar Syrup
雪碧裝滿　Sprit, to top up

●◎拿一個你想吃的水果壓榨以後，加入檸檬汁與砂糖、糖漿，試過味道後再加碎冰加到滿，然後倒進雪碧並充分攪拌。最後再用薄荷或迷迭香做裝飾，這樣你專屬的時尚蘇打就誕生囉。

Smoothie
果昔

果昔是由草莓、香蕉、芒果、各種莓類等許多天然
水果，和對身體有益的營養素、牛奶、天然香料、
水果萃取物、粗糖（甘蔗萃取液）等副材料混合
後，製作出來的機能性水果飲料。

這是在1973年由Stephen Kuhanu所發明的，
當時他因為對牛奶過敏且有低血糖問題，所以在
飲食方面吃了不少苦頭。為了解決這問題，他親
自製作了可以代替正餐的食物。原本是軍中護士
的Kuhanu研究到最後，就創造出這種兼具營養均
衡、機能性與味道的果昔。之後超過30年的歲月
裡，美國開始製作果昔的賣場增加到600多間，而
且極受歡迎，之後便被推廣到全世界，變成許多人
都可以享受的飲料。

現在我們可以享用到以豌豆或可樂為基底，加了各
種水果或穀片的好喝果昔。在優酪乳裡面加入喜歡
的水果和半杯碎冰，用攪拌機攪拌後就變成可以當
早餐的健康食品。推翻「良藥苦口」這句話的最佳
例證，不就正是果昔嗎？

新鮮蘋果1/4個　1/4 Fresh Apple
果泥或糖漿30ml　30ml Fruit Puree or syrup
檸檬汁15ml　15ml Fresh Lemon juice
牛奶或果汁60ml　60ml Milk or Juice

●◎把準備好的材料全放進攪拌機裡，然後加入
8顆冰塊一起攪拌。等到冰塊完全分解後就裝進
玻璃杯，加進喜歡的水果就變成一杯好喝的飲料
了。

Enjoy fresh fruit drinks

享受新鮮的水果飲

Healthy
Pear

享受新鮮的水果飲

歐洲人喜愛的西洋梨就像蘋果一樣,又軟又甜。梨子是牙齒不好的老人家也能吃的水果,它的味道很香,多用於製作甜點料理,且它是強鹼性食物,可以讓血液酸鹼度維持中性,能夠幫助身體維持均衡。

La Poire
Lounge   水梨Lounge

用蜂蜜醃漬的梨子 1/4個,切成2mm的塊狀
Chop 1/4 Pear Infusioned Honey
檸檬汁10ml   10ml Fresh Lemon juice
茉莉花釀15ml   15ml Jasmin syrup
汽水裝滿   Soda water, to top up

●◎把用蜂蜜醃漬過的水梨切成塊之後,放入其他的材料並加碎冰到滿,再倒入汽水攪拌就完成了。如果依照個人喜好加入灰雁頂級伏特加,就更能感受到豐富的水梨清爽香味和茉莉花的清香。

Peach Lounge 蜜桃Lounge

半顆去子桃子泥
Mudding Half Peach
檸檬汁 **10ml**　10ml Fresh Lemon juice
砂糖或桃子糖漿　30ml Sugar or Peach syrup
蔓越莓果汁裝滿　Cranberry juice, to top up

●◎依照順序把各個材料裝進調酒杯裡，然後加入冰塊，接著加蔓越莓果汁加到滿再使用搖盪搖拌法。最後可以用檸檬皮、桃子的子或一小塊桃子做裝飾。

Healthy Peach
開胃的桃子

桃子是富含維他命A、維他命C與豐富果膠質的鹼性食物，收成期為6月到8月，它可以增加免疫力並提振食慾。其中含有的多酚類成分，可以降低血液中的膽固醇，避免發炎、幫助抗菌，也可以淨化血液，是很健康的水果。

Healthy
MANGO
熱帶水果芒果

芒果，它富含可抗氧化的ß-胡蘿蔔素，可以預防癌症。其實，在癌症發病率最低的印度，人民也會把咖哩和芒果混合食用，而且芒果含有維他命A，可預防夜盲症並增加視力，同時也是可以清潔身體毒素的代表性排毒水果，對皮膚美容和促進消化都很有幫助。

Mango
Jeju 芒果濟州

芒果半顆　Half Fresh Jeju Mango
芒果汁120ml　120ml Mango juice
糖漿30ml　30ml Sugar syrup
檸檬汁15ml　15ml Fresh Lemon juice
咖哩粉1茶匙　1tsp Curry Powder
灰雁伏特加30ml　30ml GREY GOOSE® Vodka

●◎先從芒果中間偏左或偏右的地方切成兩半，這是為了快速去除富含纖維質而呈絲狀的芒果子，並方便我們使用裡面的柔軟果肉。把皮剝掉放進調酒杯裡，再把果肉壓爛以後，加入剩下的材料和冰塊，開始快速強烈的搖拌盪。最後可以用芒果切片或芒果丁來做裝飾。

Mango
Bongo 芒果Bongo

芒果半顆　Half Fresh Jeju Mango
檸檬汁10ml　10ml Fresh Lemon juice
茉莉花釀30ml　30ml Jasmin syrup
牛奶裝滿　Milk, to top up

●◎把半顆芒果子挖掉並把果肉壓碎，再跟剩下的材料一起放到調酒杯裡，接著在調酒杯中裝
滿冰塊並倒滿牛奶之後，開始進行搖拌，最後用芒果塊或香草做裝飾。

Strawberry
Lounge 草莓Lounge

6顆草莓泥 Mudding 6 Strawberry
檸檬汁15ml
15ml Fresh Lemon juice
糖漿30ml　30ml Sugar syrup
牛奶60ml　60ml Milk

●◎把草莓放進調酒杯裡壓成泥狀，並依照草莓的甜度加入砂糖做成果泥。把剩下的材料加進裝有草莓果泥的調酒杯裡，最後再使用搖拌法，飲料就完成了。草莓比較不新鮮時，可以放半個奇異果一起壓成果泥，這樣能讓口感更好。

Healthy
Strawberry
維他命女王，草莓

對任何人來說都是最受歡迎的水果 - 草莓，每100g就含有80g的維他命C，這相當於蘋果的10倍、檸檬的2倍。雖然草莓直接吃就很好吃，不過它也可以是蛋糕或水果酒的材料，用途非常多元，而和草莓最搭的食品就是牛奶跟奶油。

Healthy
Melon
哈密瓜水果酒

熟度剛剛好的哈密瓜，含有豐富的水分和營養。雖然過去是昂貴的水果，不過時至今日，用非常便宜的價格就能享用到哈密瓜了。哈密瓜含有豐富的維他命C，具有恢復疲勞與抗癌的效果。選擇哈密瓜時，要選拿在手裡感覺堅硬沉重，而且帶的部份壓下去會稍微往回彈的那種，果皮上的網狀花紋越密、越鮮明的越好。

Melon lounge
哈密瓜 Lounge

1/8個哈密瓜果泥　Mudding 1/8 Fresh Melon
糖漿30ml　30ml suger syrap
牛奶60ml　60ml milk

●◎把1/8去子的哈密瓜壓成泥狀後放進調酒杯裡，接著和剩下的材料與冰塊一起搖拌。水分越多的哈密瓜就越需要大力搖拌，這樣喝的時候才不會出現分離現象，讓我們能愉快享用。另外可以切下薄薄的哈密瓜皮做最後的裝飾。

Grape port
Punch 葡萄酒Punch

20顆葡萄泥　Mudding 20EA Grapes
葡萄酒（或葡萄汁）30ml
30ml　Port Wine of Grape Juice
五味子糖漿15ml　15ml Omija syrup
蘇打水裝滿　Soda water, to top up

●◎在漂亮的透明玻璃杯裡依照順序把各材料
放進去，接著加入碎冰塊之後，再倒滿蘇打水
就完成了，可以插一根吸管，讓喝的人可以吸
到葡萄的果肉。最後再利用曬乾的葡萄莖作裝
飾，就變成一杯極具時尚風格的Punch了。

Healthy
Grape
我們身體的綜合營養劑，
葡萄。

葡萄含有白藜蘆醇（Resveratrol）成
份，對癡呆症這類的腦疾病很有效。而
且它含有豐富的維他命，對活化血液、
造血和消化功能很好，可幫助患者在發
病時、病後的身體再生與恢復活力，是
像綜合營養劑一樣的水果。

漢拏柑 & 天惠香

漢拏柑是1972年在日本農林省果樹實驗場柑橘部交配育成的雜交種柑橘，因為這個品種栽種在濟州島，所以有了新的名字。這種柑橘的甜度與酸度都比原來的更豐富，是一種知名的高級黃色食品。含有類胡蘿蔔素，是很棒的抗氧化劑。

天惠香意思是「上天賜予的香氣」，是橘子與柳丁交配之後產生的新品種柑橘，在1997年引進韓國。現在是濟州島的知名特產，市面上都有販賣。跟一般的柑橘相比，它的甜度較高、果汁也很豐富，特徵是淡淡的香味與沾在薄皮上的白色砂糖。它是一種鹼性食品，有助活化新陳代謝並強化皮黏膜，有預防感冒的功效；富含維他命C，對皮膚的彈力與恢復疲勞都很有效，也能夠幫助鈣質吸收。

Jeju Mandarin Soda 柑橘蘇打

半顆漢拏柑或天惠香　Half Fresh Korea Mandarin
糖漿15ml　15ml Sugar syrup
雪碧或蘇打水60ml　60ml Sprite or Soda water
灰雁橙味伏特加30ml　30ml GREY GOOSE® L'Orange

●◎把灰雁橙味伏特加倒入裝有冰塊的玻璃杯裡，然後把半顆漢拏柑或天惠香的果汁擠出來加進去，調整到你想要的甜度之後再加入糖漿，接著裝滿冰塊，再加蘇打水加到滿就完成了，如果能夠呈現出橘皮的味道那會更完美。

Home Made Yogurt

優酪乳是牛奶經過發酵製造出來的食品，內含有乳酸菌可以幫助消化、活化腸道機能，但缺點是價格較貴，而且需要長時間發酵，保存期限比較短。來挑戰一下克服這種缺點的好喝優酪乳吧！

自製優酪乳

Apple Yogurt

蘋果優酪乳

蘋果半顆切塊　Chop Half Fresh Apple
青蘋果糖漿30ml　30ml Green Apple Syrup
檸檬汁20ml　20ml Fresh Lemon juice
牛奶裝滿　Milk, to top up

●◎把所有材料放入調酒杯中，並裝滿冰塊與牛奶之後用力搖拌。這時重點是檸檬的酸和牛奶混合在一起，就會產生優酪乳的味道，最後可利用蘋果塊或檸檬皮做裝飾。除了蘋果之外，也可以用自己想要的水果做替換，這樣就能夠享受各種不同口味的優酪乳。

Make good use of Fruit can

有效運用罐裝水果

盛夏中想喝草莓果汁、寒冬裡想喝桃李果汁的話該怎麼辦？只要馬上去超市就行了！雖然營養跟味道都不及天然食材，但加工食品的種類和品質日益精進，隨時隨地都能輕易買到密封且保存良好的水果。不過，選擇加工食品時的重點，要以添加糖分和防腐劑較少的產品為優先喔。

雖然是加工水果，但只要味道控制的好，就可以做出不輸新鮮水果的果汁飲料。像家庭裡最棘手、最難處理的鳳梨，只要購買無防腐劑的加工鳳梨罐頭，使用起來就方便省事囉。

水果加工食品

荔枝 │ 含維他命、脂肪、膠質等成分，可以促進血液循環，有助於皮膚美容。

杏子 │ 含有豐富糖分且熱量低，對夜盲症、皮膚美容和減肥都很好。

奇異果 │ 擁有酸甜味道的奇異果，果實中含有的食物纖維是其他水果的好幾倍，營養相當豐富。

橘子 │ 含有豐富維他命C，可以預防感冒，也能夠強化身體的免疫力。

鳳梨 │ 有豐富纖維質和糖分，但卡路里並不高，對減肥和治療便秘都很有幫助。

此外還有柳丁、草莓、葡萄、紅毛丹、山竹、芒果等水果。

All about
Infusion drinks

浸漬飲料的二三事

最近外國開始把浸漬酒的技巧跟飲料結合，製作出更多可以喝的飲料，用這種方法製作出來的飲料，稱為浸漬（infusion）飲料。但其實我們對浸漬飲料已經很熟悉了。從很久以前，我們的祖先就把水果和各種藥材放在一起，浸泡出來的酒帶有我們喜歡的材料香味，而浸泡酒的秘訣也就這樣代代口耳相傳到今天。

我們可以在烈酒裡加入想要的香味和味道，也可以利用各種藥材和香草做成藥酒使用，浸漬飲料的應用可說是無邊無界，在製作酒以外的飲料時，也可以使用浸漬糖漿。

Spirit Infusions

浸泡酒 ＊ 顏色透明且酒精濃度高的酒叫做烈酒（Spirit）。並不是在這些烈酒裡加入副材料，放置一定的時間後就絕對能做出好喝的浸泡酒。我們要適當搭配各種材料的特性，並好好控制保存溫度和材料的份量、時間，這樣才能做出最棒的浸泡酒。

浸漬的基本原則，是指在酒精濃度38度以上的酒裡，適量加入你想使用的材料，放進可密封的容器裡之後，安置在照不到太陽的陰涼處，存放到酒充分吸收材料的顏色和香味為止。

製作時要注意的重點是，隨著材料特性改變，瓶子裡可能會產生腐敗或是產生不好的氣味，所以絕對禁止事前沒有做任何調查準備就隨意參雜材料。

希望各位參考以下介紹的浸泡酒份量與浸泡時間長短。

蘋果肉桂浸漬酒＊準備750ml像伏特加和蘭姆酒這種烈酒，並把熟度剛好的五顆蘋果切片，接著把烈酒跟蘋果一起放進不透氣的玻璃瓶裡，然後再洗兩根桂皮棒一起放進去。玻璃瓶完全密封後標註上日期，一個月以後把瓶中液體倒出來，就可以享用到擁有濃厚蘋果與桂皮香味的蘋果肉桂酒了。

咖啡浸漬酒＊把伏特加、蘭姆酒、白龍舌蘭酒、白蘭地這類烈酒，和500g咖啡原豆一起放進玻璃瓶裡。然後在完全阻隔空氣的情況下，放置約一個月左右。但依據烈酒與咖啡的狀況不同，味道與香味也很容易就改變，所以一開始的材料選擇很重要。

有機茶浸漬酒＊很多人都喜歡的茶也是浸漬酒的好材料之一。在像伏特加、蘭姆酒、琴酒這類的烈酒中，放進你想用的茶包五個，然後密封標記上日期，等過了2星期之後，就完成獨家的有機茶浸漬酒了。如果用溫水稀釋飲用，它能夠洗去你一天的疲勞。

Old & New DRINKS

從傳統飲料到現代雞尾酒

韓國傳統飲料，是能夠同時兼具美味與健康的飲料，同時也含有母親的心意。舉個例子，來看看米酒吧。米酒又叫做甜酒或甘酒，在外國叫做Rice Punch。要製作米酒，首先要經過蒸糯米、灑大麥芽使其冷卻的過程。用冷水洗過飯粒之後再撈出來擱置，接著在洗過飯粒的水裡加入砂糖和生薑再拿去煮，滾了之後放涼接著再讓飯粒發酵。含有韓國固有傳統與精神的米酒，是一種發酵飲料，可以幫助消化、有助於減肥和減輕宿醉症狀，擁有豐富的食物纖維，可以預防便秘、大腸癌、動脈硬化等疾病，是營養豐富的飲料。

一般會感覺到「好好喝」的飲料，甜度約是15～20brix（標示糖含量的單位，1brix是表示100g裡有1g的糖），這時加入適當酸度（酸味）的話，就具備成為熱門飲料的條件了。但我們不能忘記，如果擁有這種好喝的條件，但卻沒有誠意和營養的話，那就不能稱為真正的飲料。

雞尾酒文化傳入韓國的同時，酒吧裡也四處充斥由來歷不明的酒和糖漿混合而成的各色飲料。總是常常讓人感到疑惑，那些飲料的顏色，和水彩的顏色有什麼不一樣嗎？很好奇這其中究竟有沒有比水更好的營養。

再次找回製作飲料的那份心意吧。
就是像我們的母親一樣，讓飲料好喝又有益身體的心意。

YOGI TEA 瑜珈茶

瑜珈士（Yogi）是指瑜珈運動的從事者。只把瑜珈當成運動來看似乎還有些不夠，西方人把它當成是一種精神修養或參禪的方式，非常受到歡迎。17世紀發源於印度的瑜珈茶，是瑜珈士為了振奮精神而喝的飲料。

瑜珈茶正式傳到美國，是1969年一位瑜珈講師在課後，依照阿優斐達食譜泡出茶來，並分享給學生們之後逐漸傳開的。阿優斐達（Ayurveda）是一種古代印度的哲學，意義為「生命的科學」，主張透過身、心、靈的均衡，追求健康的生命。阿優斐達食譜是用在東洋地區廣泛當作藥草使用的丁香芽、黑胡椒、小荳蔻種子、生薑根、肉桂等植物燒成的茶。和瑜珈一起傳播到全世界的瑜珈茶，其宗旨就和讓人在身體或精神上，能享有健康與安穩的瑜珈一樣。

'Ball'Yoga Place, World Yoga Champion 2008.

Organic lychee

有機荔枝

5顆荔枝泥　Mudding 5EA Lychees
檸檬汁10ml　10ml Fresh Lemon juice
瑜珈有機茶糖漿30ml　30ml YOGI Organic tea syrup
蘇打水裝滿　Soda water, to top up
灰雁伏特加Le Citron 30ml
30ml GREY GOOSE® Le Citron Vodka

●◎把荔枝（或桃子）放進透明的玻璃杯裡壓
成泥之後，再加入各種材料，然後裝滿一整杯
冰塊再倒滿蘇打水，經過均勻攪拌最後再用荔
枝和檸檬等水果做裝飾。可以隨個人喜好加入
灰雁伏特加Le Citron，做成一杯涼爽又健康的
酒精飲料來喝也不賴。

Acacia Vesper

洋槐薄暮

洋槐花蜜45ml　　45ml Acacia flower syrup
檸檬汁10ml　　10ml Fresh Lemon juice
熱水120ml　　120ml Hot water
龐貝蘭鑽特級琴酒30ml　　30ml BOMBAY SAPPHIRE® Gin

●◎依照順序把各種材料加入熱水裡，再放一點檸檬皮讓它浮在杯面就完成了。讓鼻腔感受到豐富檸檬與洋槐香的洋槐薄暮，是一杯可以紓緩整天累積的壓力，讓人感到放鬆的飲料。

Citrus Yuza

柑橘柚茶

韓國柚子醬20ml　　20ml Korean Yuza Jam
桂皮糖漿10ml　　10ml Cinamon syrup
五味子糖漿20ml　　20ml Omija syrup
熱水120ml　　120ml Hot water
龐貝蘭鑽特級琴酒30ml　　30ml BOMBAY SAPPHIRE® Gin

●◎把韓國柚子醬加到熱水裡充分攪拌後，再加入各種材料繼續攪拌就完成了。試著插一根桂皮吧，淡淡的香味和龐貝蘭鑽特級琴酒非常相襯。

Making Infusion syrup drinks

製作浸漬糖漿飲料

CUE

新鮮黃瓜汁1/2　Half Fresh Cucumber juice
芹菜汁1/2　Half Celery juice
糖漿30ml　30ml Sugar syrup
灰雁伏特加30ml　30ml GREY GOOSE® Vodka

●◎先把新鮮黃瓜和芹菜放進攪拌機裡打成蔬菜汁，接著把蔬菜汁裝進玻璃杯，然後把剩下的材料跟冰塊一起放進去，最後再充分攪拌就完成了。可以用黃瓜切片或芹菜葉做裝飾，就變成光看都覺得新鮮健康的飲料。享受一下用營養滿分的芹菜和黃瓜作成的酒精飲料CUE吧。

Sweet C

李子半個　Half Fresh Plum
鳳梨切塊　1/10 Fresh Pineapple
糖漿15ml　15ml Sugar syrup
檸檬汁10ml　10ml Fresh Lemon juice
灰雁伏特加30ml　30ml GREY GOOSE® Vodka

●◎把清爽的李子和鳳梨等所有材料，跟五顆冰塊一起放進攪拌機裡，攪拌到所有材料完全融合在一起，再漂亮地裝進杯子裡就完成了。

Making Nutritious drinks

製作營養飲料

很多人都會依照個人的個性和喜好，開始做自己想做的運動，並開始關心可以幫助提升運動效果的飲食或飲料。其中最重要的，就是適當供給運動時的能量來源，碳水化合物。

忘記藥丸或粉末吧！健康的身體是由適當的運動與營養攝取組合而成的。在這裡稍微公開一下製作營養滿分健康飲料的秘訣。

INTRODUCTION 「所知即所見」某一瞬間,從伏特加到利口酒,我感覺到只用酒來做飲料是有極限的。我打從心底認為,為了不讓飲品受限,必須要一樣一樣了解所有的食材,在了解所有的東西之後,才能夠表現出真正的調酒。我從基礎開始學習紅酒和咖啡,從一杯雞尾酒中加入紅酒的香醇與咖啡的濃郁開始。

Lesson 2.

Mixologist's Secret Recipe

for intermediate class

Mix a Cocktail with Champagne or Wine

香檳與葡萄酒的驚奇大變身

因為不熟悉或是不尋常而令人感到害怕的香檳與葡萄酒。
試著利用這些飲料,製作出歐洲傳統飲料吧。

Belini 貝里尼

黃桃1/4個　1/4 Wedge Peach
桃子利口酒15ml　15ml Peach Liqueur
香檳裝滿　Champagne, to top up
●◎首先把香檳杯冷藏保存,然後試吃準備好的桃子最外緣以檢查甜度。如果甜度不如預期,那就稍微加一點砂糖。調味完成後把桃子放入攪拌機,跟利口酒一起攪拌之後倒進杯子裡,小心不要沾到杯子邊緣並倒入香檳,不要讓香檳產生泡泡,最後再用桃子做裝飾。

Kir Royal　皇家基爾

覆盆子、草莓各2個　2EA Korean Respberries, 2EA Strawberries
黑醋栗利口酒15ml　15ml Cassis Liqueur
香檳裝滿　Champagne, to top up
●◎把草莓、覆盆子和黑醋栗利口酒一起放進攪拌機,稍微攪拌一下之後倒進玻璃杯裡,小心別沾到杯緣。倒入香檳時要小心,盡量別產生泡泡,裝滿香檳後再用覆盆子做裝飾。

Mimosa　含羞草

柳丁1個　1 Fresh Orange
香檳裝滿　Champagne, to top up
●◎準備一個冷的香檳杯,用榨汁機榨出新鮮柳丁的果汁與果肉裝入杯中,接著再倒滿香檳,最後用刮果皮刀處理事先準備好的柳丁皮,做出美麗的裝飾。

Vin Chaud 燒酒

紅酒半瓶　Half Bottle Red Wine

柳丁半顆或橘子一顆　Half Fresh Orange or 1 Fresh Mandarin

梨子半顆　Half Fresh Pear

完整桂皮半根　Half Cinamon Stick

黃砂糖150g　150g Brown sugar

熱水200ml　20ml Hot water

●◎ 法國在冬天為了戰勝感冒，而飲用的這種傳統飲料－燒酒，是在剩下的紅酒裡加入柳丁、桂皮、梨子等材料，當作熱飲喝的一種健康飲料。想製作燒酒要先把熱水跟酒倒入湯鍋裡用小火加熱，水滾之前把剩下的材料都加進去，再繼續加熱20分鐘。這時候最重要的是一邊煮一邊攪拌，不要讓液體燒滾，煮好之後裝一點在熱的容器裡，最後再放入一些桂皮和柳丁皮。

Sangria 桑格莉亞

紅酒或白酒200ml　200ml Red or White Wine

半顆柳丁　Half Fresh Orange

草莓、梨子、蘋果、葡萄各50g　Each 50g Fresh Fruits

半顆檸檬的汁　Half Fresh Lemon juice

糖漿60ml　60ml Sugar syrup

雪碧或蘇打水150ml　150ml Sprite or Soda water

●◎先把準備好的水果切成方便食用的塊狀，放入事先準備好的容器中，然後加入檸檬汁、糖漿、半顆柳丁的汁，並切下榨汁的柳丁皮放入容器裡。倒入喝剩的酒再裝滿冰塊，最後再加蘇打水充分攪拌便完成了。桑格莉亞是在含有豐富礦物質與維他命的酒裡面，加入新鮮水果的一種冷飲。可以跟認識的人一起分享飲用，跟我國的米酒一樣屬於一種傳統飲料。炎熱的夏天裡，在酒杯中裝滿冰塊跟朋友們一起開桑格莉亞派對，如何？

Making Coffee Liqueur

曾經有一次，我為了尋找在國外相當普遍知名的榛果香甜酒富蘭葛莉（Frangelico）而嘗盡苦頭。外國人在俱樂部裡經常用一口杯（Shot）飲用的富蘭葛莉，雖然在韓國已經販賣了一段時間，但因為沒什麼市場，所以就沒再繼續進口。現實上一瓶難求的富蘭葛莉讓我煩惱了一陣子，然後我決定自己動手製作。只要在基本的咖啡香甜酒裡加入榛果香，就可以做出世上唯一僅有，只屬於我個人的富蘭葛莉了。

製作咖啡香甜酒

Home Made Frangelico
自製蘭葛莉

黃砂糖200g　200g Brown sugar
熱水150ml　150ml Hot water
香草豆2個　2EA Vanilla beans
榛果糖漿30ml或乾燥榛果30g
30ml Hazelnut syrup or 30g Dried Hazelnut
濃縮咖啡60ml　60ml Espresso
蘭姆酒200ml　200ml Rum

●◎把200g的黃砂糖裝進容器中，用小火慢慢讓它融化，煮到呈現焦糖色時，再分三次加入熱水，一次加50ml。這時候容器會開始冒煙，同時砂糖也會開始沸騰並產生深色泡泡，要小心別燙傷。加入第三次水後再繼續加熱，接著加入60ml的濃縮咖啡和香草豆、榛果糖漿或乾燥榛果，最後再一面慢慢攪拌，一面把200ml的蘭姆酒慢慢倒進去就完成了。

把這食譜裡的榛果拿掉，就變成一般的咖啡香甜酒囉。也可以把各種材料分量分成一半，製作出兩種不同的香甜酒。

Espresso
Martini 濃縮咖啡馬丁尼

濃縮咖啡30ml　30ml Espresso
自製咖啡香甜酒15ml
15ml Home made Coffee Liqueur
糖漿30ml　30ml Sugar syrup
灰雁伏特加45ml　45ml GREY GOOSE® Vodka

●◎把各種材料放入調酒杯中，用力搖拌讓
材料充分產生泡泡。然後把馬丁尼倒入杯子
裡，再用咖啡豆或巧克力做裝飾就完成了。

Latte Martini

馬丁尼拿鐵

濃縮咖啡50ml 50ml Espresso
冰牛奶50ml 50ml Cold Milk
糖漿30ml 30ml Sugar syrup
灰雁伏特加30ml 30ml GREY GOOSE® Vodka

●◎把各種材料加入調酒杯中，用力搖拌使
其充分產生泡泡。倒入杯中時，重點是要用
雙重過濾法做出牛奶的綿密奶泡。接著再用
蝕刻技巧，用巧克力醬在綿密的奶泡上畫一
個圓圈，最後再用尖銳的針在奶泡上作畫，
這樣畫著美麗放射線的作品就誕生了。這種
為刻蝕（Etching）技巧。

All about Vermouth

除了紅酒與白酒之外，苦艾酒是我們大多數人都熟知的另一種開胃酒（Aperitif, 餐前酒）。在葡萄酒裡加入白蘭地製作出來的混合酒，就叫做加度葡萄酒（Fortified Wine），其中以義大利的苦艾酒（Vermouth）、西班牙的雪莉酒（Sherry），還有葡萄牙的波特酒（Port）最具代表性。苦艾酒的主要生產地是義大利皮蒙特（Piemonte）地區。是由古代一位有名的醫生兼哲學家希波克拉底（Hippocrates），在西元前460年，用具有優秀消化與治療效果的山薄荷和艾草製作而成的。他把從30~50多種花和從葉子、種子、根裡萃取出來的成分加到酒裡，放置數個月讓它熟成變為苦艾酒，此後數千年間，苦艾酒的製作方法幾乎沒有任何改變，讓我們可以如實享受到它的原始風貌。就算是拿破崙和邱吉爾也都不能任意改變飲用方式，要先把沾在軟木塞上的酒抹在杯緣，才能倒在杯子裡喝上一杯。

苦艾酒的二三事

MARTINI DRY

馬丁尼辛口　這是1900年在紐約成功推出的產品，在國際間獲得熱烈迴響。酒杯裡淡黃色的酒，散發著覆盆子、檸檬佐以鳶尾花的香味，這樣的酒味並不苦，而是稱為辛。也是電影007中，詹姆士龐德喜愛的馬丁尼基酒。

MARTINI Bianco

馬丁尼中口　也稱做香艾酒的微甜苦艾酒，1910年代首次出現在世界上。這種白馬丁尼是馬丁尼產品中最香的，飲用時會有一種純淨柔和的香草香，讓飲用者的嘴裡縈繞著甜味。它的甜味和苦味，以完美的比例取得平衡。非常適合酒杯冷卻以後再飲用，也可以搭配餐後甜點的巧克力或冰淇淋一起飲用，很適合女性。

MARTINI Rosso

馬丁尼甘口　這是自從1863年首次生產後，一直到19世紀都還存在的唯一一種苦艾酒。它像南瓜一樣的褐色非常獨特，散發著藥草香與桂皮香、艾草香，香味更勝微甜苦艾酒。它以等比例和苦酒混合之後，搭配一小塊的柳丁，就變成一杯清爽的美國佬（Americano）；跟薑汁以等比混合後，再放入一塊檸檬，就能夠享用爽口的馬丁尼冰茶，加冰塊直接飲用也很不錯唷。

為了讓馬丁尼喝起來好喝　就算現在你手中握有最棒的馬丁尼，但你卻不知道該怎麼品味它，那就一點意義也沒有了。馬丁尼的前味是刺激舌頭與神經的強烈味道，同時我們也能用鼻子感受到清香琴酒與苦艾酒的融合，人們總是因為這種魅力而對它感到狂熱。不過要用哪種橄欖來洗掉馬丁尼的味道也很重要，請依照個人喜好選擇合適的橄欖使用。

When Martini r

Kiwi Fruitini
奇異果丁尼

奇異果1個
1 Fresh Kiwi
糖漿30ml　30ml Sugar syrup
灰雁伏特加45ml
45ml GREY GOOSE® Vodka

熱度剛好的奇異果含有豐富的甜度。甜度不足時只要稍微加點黃砂糖，就會變成好吃的奇異果了。我們把各種材料放進調酒杯裡，用力搖拌之後再裝到馬丁尼杯裡，飲料就完成了。這時候為了增加清爽的味道與香味，可以把檸檬油灑在杯子的邊緣，也會變成一種很好的味覺刺激。

Strawberry Fruitini
草莓丁尼

草莓5顆
5EA Fresh Strawberry
糖漿30ml　30ml Sugar syrup
灰雁伏特加45ml
45ml GREY GOOSE® Vodka

把草莓放在調酒杯或調酒杯中壓成泥之後，加入剩下的材料，接著跟冰塊一起搖拌。別急著在冷藏保存的馬丁尼杯裡加進冰塊，只要直接把飲料倒進去，再用草莓、檸檬皮、香草做裝飾，這樣就完成一杯美麗的草莓馬丁尼了。不用草莓糖漿的原因，是因為這樣會影響到新鮮水果的味道，同時也會提高糖分的濃度，對於材料之間的平衡會有反效果。

Apple Fruitini
蘋果丁尼

半顆蘋果汁60ml
60ml Half Fresh Apple juice
糖漿20ml　20ml Sugar syrup
灰雁伏特加45ml
45ml GREY GOOSE® Vodka

把半顆蘋果放到攪拌機裡打碎之後，加入剩下的材料和冰塊一起搖拌，然後再利用過濾器把雜質瀝掉，只讓清澈的果汁流入馬丁尼杯裡。最後把切成薄片的蘋果放在杯子上面，這樣就完成一杯時尚的蘋果丁尼了。製作蘋果丁尼時的重點，就是調整蘋果的甜度與酸度。在進行搖拌之前先試味道，再決定要加入糖漿還是檸檬汁。

新鮮又好吃的水果在我的手中遇上改造技術的話，一杯最棒的水果馬丁尼就此誕生。讓一杯味道、健康以及視覺滿足兼容並蓄的水果馬丁尼，帶給你輕鬆豐富的歡樂時光。

當馬丁尼遇上新鮮水果

ts Fresh Fruits

Mandrin Fruitini
橘子丁尼

柑橘類水果**1**顆
1 Fresh Mandarin
糖漿**30ml**　30ml Sugar syrup
灰雁伏特加**45ml**
45ml GREY GOOSE® Vodka

先橫的把橘子切成一半，再用榨汁機把果汁跟果肉完全擠出來，然後加入剩下的材料跟冰塊一起搖拌，最後裝進沒有加冰塊的杯子裡就完成了。還可以用刮果皮刀削皮或切片在杯子上做裝飾，這樣就完成一杯香味、味道、設計都完美的獨特馬丁尼。除了柳丁以外，還可以用天惠香、漢拏柑、橘子這類美味又營養的柑橘類。

Melon Fruitini
哈密瓜丁尼

哈密瓜**1/16**顆
1/16 Wedge Fresh Melon
糖漿**30ml**　30ml Sugar syrup
牛奶**15ml**　15ml Milk
灰雁伏特加**30ml**
30ml GREY GOOSE® Vodka

隨著成熟程度不同，哈密瓜的味道也天差地遠，所以要先試過味道再加砂糖調整甜度。壓爛果肉之後，把剩下的材料跟冰塊一起放進調酒杯裡進行搖拌。加入牛奶可以讓飲料更順口，同時也能豐富哈密瓜的香味，還具有消除哈密瓜澀味的功效。最後只要把切成又薄又長的哈密瓜皮，放到杯子上做裝飾就完成了。

Pomegranate Fruitini
石榴丁尼

石榴半顆
Half Fresh Pomegranate
糖漿**30ml**　30ml Sugar syrup
灰雁伏特加**45ml**
45ml GREY GOOSE® Vodka

準備好半顆石榴果粒後，再加進剩下的材料跟冰塊一起進行強烈搖拌。這時的重點，是力道要維持在讓石榴果粒會爆開的程度，最後使用過濾器，把完成品倒入馬丁尼杯中。同時把大概十顆的果粒裝進杯子裡，做出自然的裝飾。

Sweet Chocolate Drinks

製作甜蜜巧克力飲料

可以是一種零食，也可以是一種飲料的巧克力（Chocolate），是源於墨西哥原住民一種用可可豆製作，名為Chocolatl的飲料。很久以前，可可豆是墨西哥原住民認為非常珍貴的食物，被他們當成飲料也兼作藥用，更能夠當成貨幣使用。據說，阿茲特克的皇帝蒙特祖馬去見女人之前會喝好多杯可可亞，西班牙上流社會也把可可當成是提升性慾的春藥使用。而巧克力中還含有苯乙胺，可以安定精神並提高注意力，提升身體能量來源碳水化合物的消化吸收速度，幫助腦袋運轉。而其中的可可鹼成份，可以刺激大腦、提升思考能力，並有利尿、紓緩肌肉等各種藥理作用，適當攝取有益身體。

那，現在就準備來喝這種既有魅力又甜蜜的巧克力吧？

DARK CHOCOLATE

黑巧克力　可可漿（Cacao Mass）、可可黃油（Cacao Butter）、大豆卵磷脂（Soy Lecithin）、天然香草（Natural Vanilla）、白砂糖（White Sugar）

MILK CHOCOLATE

牛奶巧克力　可可漿（Cacao Mass）、可可黃油（Cacao Butter）、大豆卵磷脂（Soy Lecithin）、天然香草（Natural Vanilla）、白砂糖（White Sugar）、牛奶（Milk）

WHITE CHOCOLATE

白巧克力　可可漿（Cacao Mass）、大豆卵磷脂（Soy Lecithin）、天然香草（Natural Vanilla）、白砂糖（White Sugar）、牛奶（Milk）

金鳳荷的 know-how

Chocolate Rim巧克力圈　杯緣（Rim）就是指杯子跟嘴巴接觸的部份，在飲料的技巧中是指在杯緣抹上某種東西的意思。這裡的巧克力圈，指的是在馬丁尼杯緣抹上碎巧克力。

首先把塊狀的黑或白巧克力，用刀子刮成片狀，再把刮得又薄又平的巧克力，放在沒有濕氣的地方保存，需要的時候就能隨時拿出來使用了。在杯緣稍微抹上巧克力醬，或是液體狀的巧克力，然後再拿杯緣去沾巧克力粉，這樣杯子上面就會變得像下過雪一樣黏著一圈巧克力粉。這種方法，可以讓我們的嘴唇在碰到飲料之前先接觸到巧克力，營造出甜蜜溫和的口感，是種增添巧克力新鮮感的方法。

St-Chocolate Martini
草莓巧克力馬丁尼

草莓4顆　4EA Fresh Strawberries
白巧克力醬30ml　30ml White Chocolate Sauce
柳丁利口酒15ml　15ml Orange Liqueur
灰雁伏特加45ml　45ml GREY GOOSE® Vodka

◎在馬丁尼杯裡倒入白巧克力醬之後，再用白巧克力薄片做巧克力圈。把草莓放入調酒杯或調酒杯裡壓成泥後，再把剩下的材料放進去跟冰塊一起進行強烈搖拌。接著把飲料倒入杯子裡，注意別讓冰塊掉進去，最後再用草莓和白巧克力做裝飾就完成了。

柳丁利口酒可以豐富巧克力的香味與味道，常用於製作糕點麵包，扮演調整巧克力濃度！讓味道不會太濃的角色。

Rainbow Martini

彩虹馬丁尼

第一次接觸到彩虹馬丁尼,是6年前的事情。我在瀏覽外國網站時,發現這種被記錄在Eurochow手冊上的東西。當時我很煩惱要怎麼樣才能做出這種自然的分層,還有該如何獲得這種飲料的酒譜。連續在Google跟各大網站搜尋了好幾天,上天好像是在獎賞我的努力與熱情一樣,讓我發現令人感動的情報。利用天然材料做成的特殊口味,彩虹馬丁尼,讓我們來試一次看看吧!

哈密瓜利口酒**50ml**　50ml Melan Liqueur
柳丁汁**20ml**　20ml Fresh Orange juice
蔓越莓汁**50ml**　50ml Fresh Cranberry juice
灰雁伏特加**30ml**　30ml GREY GOOSE® Vodka

●　先量出馬丁尼杯1/3的哈密瓜利口酒，大約就是1 Part（30ml）左右。透過短暫的搖拌讓哈密瓜利口酒冷卻之後，再用過濾器把內容物倒入馬丁尼杯中。接著同樣量1 Part的蔓越莓汁，經過搖拌後倒入杯中，但這時候就需要一點技巧了。我使用的技巧，是先用波士頓調酒杯搖拌之後，稍微打開調酒杯1～2mm，慢慢沿著杯緣把內容物倒入杯子裡，以製造出分層的方法，這稱作Shake Layer。用這種方法，可以有效製造出分層，並讓內容物在瞬間冷卻。最後將灰雁伏特加跟新鮮的柳丁汁加在一起搖拌，然後用之前說明過的方法做出Shake Layer。這種技巧需要先練習如何用很細的水柱、很慢的速度把飲料倒入杯子裡。

3. Rainbow Martini

Cranberry Vodka 1 part
Orange Juice Fresh 1 part
Melon Liqueur 1 part

- Shake Layer

食物或飲料所獲得的評價，有一半以上都取決於視覺。同樣的食物裝在漂亮的碗裡和裝在一般碗裡，同時拿去讓人評論味道的話，有90%以上的人都會說裝在漂亮碗的食物更好吃，並伸手取用。因此，食物裝飾不僅是為了更加突顯食物或飲料的美味，同時也是引誘人重複伸出手取用的重要因素。

我曾經為了突顯飲料的魅力，並讓飲料更好喝，不停尋找有用的資料。當時，看到一些只注重教導飲料裝飾的相關書籍，我感到很失望。但隨著最近用於飲料的材料範圍變廣，還有越來越多人學習廚師所用的技巧，飲料界也產生了很多變化。

最近裝飾的趨勢，是從如何生動傳達新鮮感這個概念出發的。不僅要在飲料中加入新鮮材料，還要在美麗的杯子上做出新鮮材料的裝飾，讓人會因為看了這樣的裝飾，更實際感受到飲料的新鮮。柑橘類的水果，就算只用果皮也可以呈現出優雅感。像檸檬、柳丁、萊姆、葡萄柚這些柑橘類，分為外皮（果皮）、內皮（有白色纖維的果皮內側）、果肉三個部份。把外皮跟內皮薄薄地切開，輕輕用手壓一下的話，就可以把藏在果皮裡的水果天然香精灑在杯子上面，讓飲用者的視覺與嗅覺同時感受新鮮。這樣不僅是加入迷迭香或薄荷等香草類來調整顏色，甚至還能夠呈現出新鮮的香味。

雞尾酒裝飾的撇步

Know-how of
Cocktail Garnish

装飾　Garnish
為了讓做好的食物樣子或顏色更好看，
並增加用餐者的食慾而搭配在食物上的裝飾

別止步於單純的裝飾
嘗試新的呈現方式，並不停挑戰
或許會創造出只有1%的人
才知道的特殊飲料呈現手法

Torching
Fruits
噴燒水果

這種既不是燒也不是烤，而是叫做噴燒的技巧，來自一種在甜奶油蛋糕上抹一層融化焦糖的傳統法式甜點，焦糖布丁（Creme Brulee）。噴燒是在不影響材料內含營養的範圍之內，增添食物風味並做出趣味視覺的一種效果。一般會在香蕉上抹砂糖，然後用大火進行短暫噴燒，這時候砂糖就會變成焦糖醬（Caramel rising），讓香蕉更甜更好吃。

像柳丁或檸檬這種柑橘類，在噴燒的過程裡面，能讓隱藏在果皮中的油釋放出來，同時也豐富香味，還可以塗抹在杯子邊緣當成裝飾。不過，如果材料靠噴燒的火太近，或接觸時間太長就可能會燒焦，使用噴槍時要小心燒傷跟火災事故。

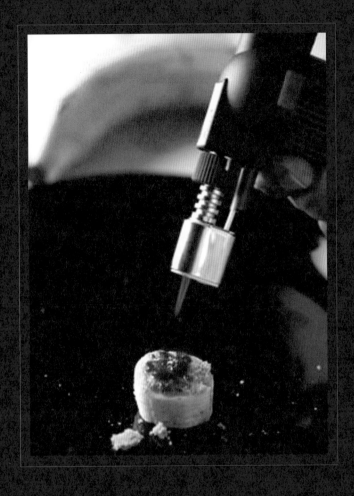

Roasted Tomato Martini

烤番茄馬丁尼

小番茄**5**顆　5 Fresh Mini Tomatos
胡椒子**5**顆　5EA Peppercorns
糖漿或胡椒浸漬糖漿**30ml**
30ml Sugar syrup or Pepper infusion syrup
灰雁伏特加**45ml**　45ml GREY GOOSE® Vodka

●◎把小番茄放在平底鍋上，噴燒到幾乎脫皮的程度，接著再開火把番茄煮熟。把噴燒過的番茄放進調酒杯或調酒杯中，跟胡椒一起壓成泥後，再把剩下的材料加進去，跟冰塊一起搖拌。使用過濾器把冰塊和內容物過濾掉，將液體裝入杯中，並利用迷迭香和番茄做裝飾。搭配非常適合番茄的迷迭香，可以讓飲用者聞到更豐富的香味。

我重現了數年前訪問韓國的日本調酒師，北條所做的烤番茄馬丁尼，但我稍微改變了他的酒譜。我發現加入胡椒浸漬糖漿，可以讓番茄烤過後的煙燻香味加倍。最重要的是，番茄噴燒的程度同時也左右了雞尾酒的味道。還有，酒精味道太重的普通伏特加會破壞飲料的平衡，只要改用口感較柔和的灰雁伏特加，做出一杯完美的馬丁尼就變得更容易。

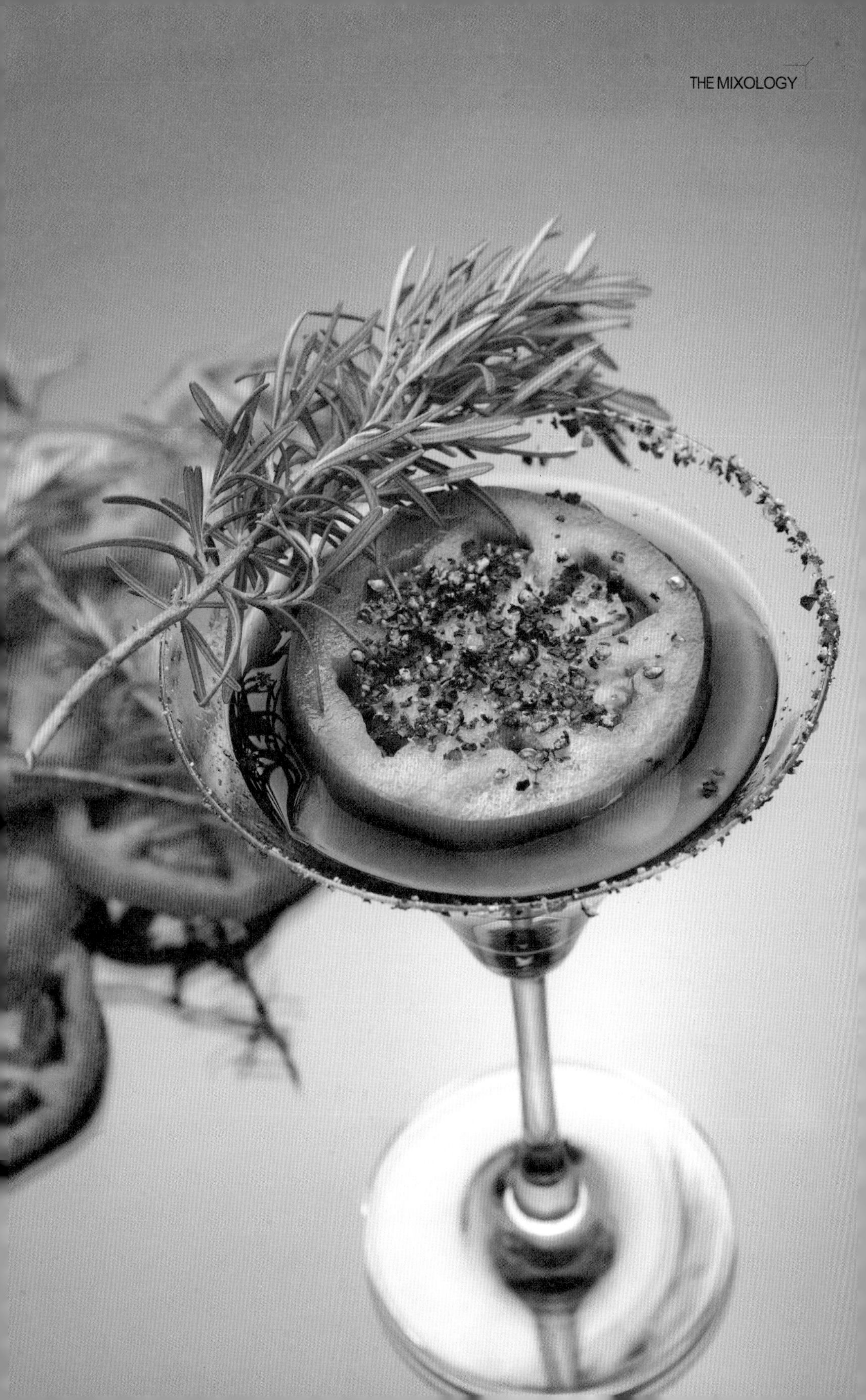

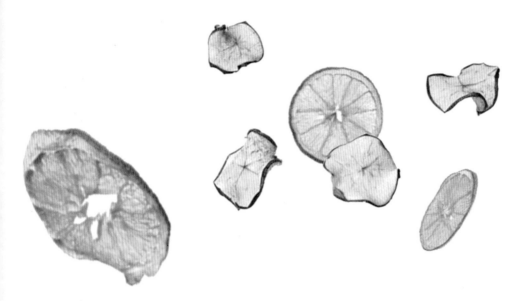

人們總是問「還有更神奇、更新鮮的東西嗎？」

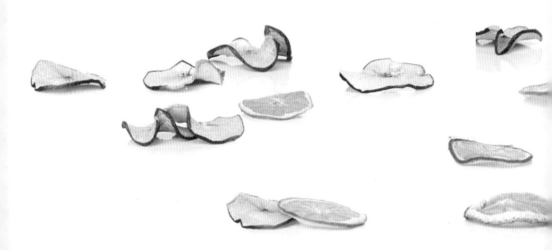

The perfection of
Chip Decoration

完美的水果切片裝飾

我常煩惱和飲料視覺元素相關的事，偶爾會擠擠檸檬汁抹在杯子邊緣，也會把哈密瓜切成塊灑在杯子上。在這樣的苦惱中，我偶然發現了乾燥機。看見廚師把經過乾燥處理的柳丁，放在剛出爐的甜點上當裝飾，讓我覺得食品乾燥機的功能真是特別。

利用食品乾燥機，可以讓所有的水果類自然乾燥，變成像乾葡萄那樣，乾燥後還保存原本的糖分，同時又能變成不常看見的神祕模樣。還有，如果是有一定保存期限的水果，經過一次乾燥過程就變得可以長期保存，隨時都能拿來使用，非常方便。

一次裝飾通常都會用掉很多，所以用來裝飾的食品，大多都是不加糖的天然食品，是對健康好，同時也能當成小菜的手工食品。乾燥水果可以放在馬丁尼杯上當裝飾，也可以用來裝飾加了汽水的水果飲料，這樣便完成一杯既新鮮又有品味的飲料了。

Old Drink Place | 客棧

韓國與酒店相關的紀錄，最早可以追溯到高麗時代。根據文書記載，高麗成宗2年（西元983
年）官府允許在松島開設有史以來的第一間酒店。還有從肅宗7年（西元1102年）起，平民開
始在全國各地開設酒店。酒店原本的目的，是為了教導民眾理解貨幣流通的好處，而由官方所
設立的。主要提供平民百姓食物、飲酒、住宿等服務，功能類似現在的旅館。朝鮮時代全國八
道，到處都是酒店，變成提供一般平民歡慶、消愁的休息地點，同時也販賣米酒和燒酒。酒店
就像這樣，是打造出我國史上最初飲酒文化的場所。

韓國的傳統米酒，在這時代洪流之中逆流而上，成為現代多元飲酒文化中一個新的形象。在過
了100多年後的現代，它才成為研究與關注的對象，雖然有點可惜，不過初期米酒和現在的米
酒，性質並沒有太大改變，一直好好的保存到今天，也可以說是一大文化遺產。一邊喝著浮著
薄冰的新鮮美味米酒，一邊配一點泡菜或豆腐，真是最令人稱羨的時光了。古往今來，我們與
米酒一同渡過的時光始終如一。

Trendy Drink Place | 酒吧

在上班的地鐵裡，我用手機收信。就連午餐時間都約好要跟客戶吃飯，如果晚上還有聚餐的話，忙碌的一天就要到深夜才能畫上句點。平時的業務不斷累積，最後別說是約會了，甚至連朋友的臉都很容易忘記。領到第一份薪水的那天，雖然和朋友約好要到好喝的酒吧去喝杯酒，但忙碌的日常生活中，卻很難撥出一點空閒時間。

無論是誰，都想輕輕鬆鬆地在酒吧裡吃頓飯再配杯小酒。想在戀人耳邊小聲調情、跟朋友一起自在聊天，暫時忘卻日常生活。讓人夢想從日常生活中逃離的地方，現代人殘存的最終安息之處，不正是酒吧嗎？

英國的一位紳士說，男人坐在酒吧裡喝酒是懦弱的表現，而挺著腰桿喝酒卻不喝到爛醉，才是真正的男人。但是，我們決定不在意這些東西。有椅子就坐，沒椅子就隨著酒和音樂享受搖擺，享受只屬於我的空間。現代人隱藏在紳士風度中的休息地，指的就是酒吧。

St. Mak.
草莓米酒

草莓**5顆**　5 Fresh Strawberries
草莓糖漿**15ml**　15ml Strawberry syrup
韓國米酒**150ml**　150ml Makgeolli

把五顆新鮮草莓壓成泥後，加入草莓糖漿和米酒，跟冰塊一起進行搖拌。接著把完成的飲料裝進準備好的杯子裡，再切開草莓放到上面做裝飾。可以喝到跟草莓甜蜜香味非常合適的韓國米酒淡香。

Mint Mak.
薄荷米酒

薄荷葉**10張**　10 Peppermint leaves
砂糖**1湯匙**　1 Spoon Sugar
檸檬汁**10ml**　10ml Fresh Lemon juice
糖漿**10ml**　10ml Sugar syrup
半根黃瓜　Half Fresh Cucumber
韓國米酒**100ml**　100ml Makgeolli

把準備好的材料放進攪拌機中，打成細緻的汁液後，用雙重過濾法仔細過濾。把黃瓜果汁倒入裝滿冰塊的杯子裡，再用薄荷和黃瓜作裝飾。

The　　　　Renewal

Grape Mak.
葡萄米酒

熟成紅葡萄20顆　20EA Red grapes
砂糖1湯匙　1 Spoon Sugar
米酒100ml　100ml Makgeolli
把所有材料放進攪拌機中，打成細緻的汁液
以後，再把葡萄籽濾掉，最後和冰塊一起裝
入杯中就完成了。清爽的葡萄香與味道突出
的韓國米酒非常合襯。

Kiwi Mak.
奇異果米酒

奇異果1顆　1 Fresh Kiwi
砂糖1湯匙　1 Spoon Sugar
韓國米酒120ml　120ml Makgeolli
把一顆奇異果放進調酒杯中壓爛以後，再加
入韓國米酒和糖漿跟冰塊一起搖。最後在杯
子裡裝滿冰塊，接著倒入搖好的內容物便完
成了。喝的時候嘴裡可以吃到能咀嚼的新鮮
奇異果肉。

復興韓國傳統米酒，米酒雞尾酒

of Makgeolli

Trend of Drinks

為了買醉
還是為了享受

國內的飲酒文化，正從喝烈酒快速轉變成享受飲酒。我們過去灰暗的歷史中，當大家心情不好或發生憂鬱的事情時，就會為了讓自己醉倒而大口大口灌下烈酒，這樣的文化一直傳承到現在。但是，如同我們現在平均國民所得達到2萬美元，經濟規模位居全球第14名一樣，我國快速發展中的經濟，不僅改善了個人生活水準與環境，同樣也改變了飲酒文化。

國內酒類市場的規模是7兆7,687億韓元，市場上的前幾大酒類是啤酒、燒酒、酒精飲料、洋酒等。鄰近的日本酒類市場規模是我國的8倍，美國約是20倍左右，就算考慮到各國人口數量，我們之間的差異還是非常懸殊。也可以從中發現，我國的酒類市場，現在正面臨到必須朝高級化、世界化發展的課題。

我想最重要的是要推廣健康飲酒，改變大眾認為酒類有害身體的舊有認知。必須拋棄過去從尊卑關係中學到「喝快點、喝多點」的飲酒文化，改變成享受餐前酒與甜點，同時與朋友分享愉快對話的飲酒型態。對法國人來說，葡萄酒的意義已經超越了酒，變成一種裝載他們哲學與文化的東西。

還有，在歐洲廣為流傳的餐前酒文化，也很值得我們借鏡。不久前我曾到歐洲出差，在那裡吃了一頓四小時的晚餐，這讓我想到很多事情。我們從小學習的餐飲禮節，是吃飯的時候不能說話。受此影響，就認為短暫的用餐時間很理所當然。但是，西方人在吃飯之前，看起來好像在享受文化活動一樣。到了約定時間，他們就開始喝餐前酒並問候彼此的近況，用這些對話度過一個小時。比起吃飯，晚餐的重點反而著重在享受輕鬆氣氛與彼此的對話。

飲用餐前酒除了文化或習慣之外，事實上還有科學的理論支持。我們體內的肌肉與血管，會因為溫度上升而舒張。和喝烈酒時不同，如果在餐前攝取一點低酒精濃度的酒，這些少量的酒精可以快速讓血管與肌肉起反應，舒展僵硬的身體。之後再吃東西的話，內臟與肌肉就會因為體內溫度上升而幫助消化，並且讓我們感覺食物更好吃。

與國內飲酒文化不同，國外的飲酒文化並不會因為一些言論、大眾媒體，或是潮流提及某些物件，而讓這些東西流行一時。反而是像他們歷史悠久的威士忌和紅酒一樣，享受把新東西加入固有酒類中。考慮個人喜好與特性的雞尾酒，也是這種文化的最佳例證。

（譯註：作者為韓國人，此為韓國國內飲酒現況。）

INTRODUCTION　飲料誰都能做，就算只是泡杯即溶咖啡，也是為了做出一杯好喝的飲料。而作出一杯美味的飲料，不僅需要一些特別的技巧，也需要集中精神。讓我們在這裡多認識幾種新鮮材料和一些簡單技巧，這樣你就是個懂得如何做出極品飲料的技術人員了。就像過去我是個連削水果都不會的平凡上班族，但現在已經成為一個閉著眼睛都能把美味果肉挖出來的調酒師。來，集中點，催眠自己的手和腦袋吧。

Lesson 3.

Mixologist's
Secret Recipe
for advanced class

Cuba, the home of
MOJITO Mojito的故鄉，古巴

是全世界最多人喜愛的飲料，同時也是古巴傳統雞尾酒的
Mojito，它的魅力甚至讓世界知名的作家海明威曾說，要一直
喝這種酒直到世界末日前夕。Mojito這名字是源自於古巴當地
一間海明威經常光顧，名叫「LA BODEGUITA DELMEDIO」的
酒吧。這間酒吧是Mojito歷史的發源地，一直到今天每天都還
會有數百名Mojito觀光客光臨此處。
古巴當地的Mojito製作方式並不會直接把萊姆壓成泥，而是會
先加入滿滿的綠薄荷再跟萊姆混合攪拌。其特徵是會加很多
蘭姆酒，讓Mojito散發很濃烈的酒精味，而現在世界上最多人
使用的百加得蘭姆酒，味道又香又純，也非常適合用來製作
Mojito。
就像每個人的長相都不同，Mojito也有各式各樣不同的製作
方式。下面來公開一下幾種我個人獨創，且已經開發完成的
Mojito酒譜。

MOJITO
MIXOLOGY
Mojito的終點在哪

不光是Mojito，我覺得不管是再怎麼有
名的經典雞尾酒，都不可能有完全正確
的製作方法。因為隨著氣候與環境、天
然材料的不同，酒譜多少都會做小小的
更動。依照自己的感覺與風格替固有酒
譜增加一些新元素，不僅是調酒師的課
題，也是一種義務。

MOJITO

1/4個萊姆　　1/4EA Fresh Lime
蘋果薄荷50g　　50g Fresh Apple mint
糖漿5ml　　5ml Sugar syrup
黃砂糖3茶匙　　3 tsp Brown sugar
百加得蘭姆酒（白標）30ml
30ml BACARDI SUPERIOR Rum
萊姆蘇打裝滿　　Lime soda, to top up

①先把萊姆切成一半，然後再切片放進高球杯裡。

②加入5ml的糖漿和3茶匙的砂糖，砂糖扮演的角色是讓薄荷香味更豐富、口感更好。

③輕輕灑下新鮮薄荷葉20張，通常我們都是用綠薄荷，不過蘋果薄荷的淡香層次更豐富。

④把攪拌棒立直，用輕壓的方式弄碎杯子裡的材料。這時如果力道太大的話，會傷害到薄荷葉或導致玻璃杯碎裂，請多注意。

⑤把碎冰塊全部加到杯子裡，再倒入30ml的百加得蘭姆酒（白標）。

⑥接著裝滿蘇打水，一面攪拌一面讓薄荷葉和萊姆漂浮在杯子中間。這樣用吸管喝的時候就不會喝到薄荷葉的碎屑，同時也能讓人從視覺上體驗到清涼感。

⑦用萊姆和薄荷葉做裝飾，接著再插入兩根吸管，讓吸管也能同時擔任攪拌棒的角色。

Mojito風味的二三事

無論是什麼，只要是新鮮事物都會不停想
嘗試的人，就可以像下面所說的這樣，做
出各種不同種類的Mojito。試著用浸漬糖
漿和酒，做出專屬於你的Mojito吧。最基
本的就是維持味道與香味的平衡，同時也
讓味道有個突出的亮點。

萊姆Mojito的基本酒譜，就是把萊姆跟你
想使用的水果一起壓碎以後，再加入百
佳得Flavor蘭姆酒和浸漬糖漿，這樣就能
輕鬆做出一杯萊姆Mojito。可代換應用的
Mojito材料如下：

百佳得RAZZ蘭姆酒（覆盆子）、百佳得蘭姆
酒（柳丁）、桃子、蘋果、哈密瓜、椰子、蘭
姆酒、玫瑰果汁、葡萄果汁、石榴果汁、覆盆
子、葡萄、草莓、葡萄酒、香蕉利口酒、蘋果
酒、五味子糖漿、桂皮糖漿、荔枝利口酒

all about
MOJIO flavor

Mojito Lime

Mojito Rose

Mojito Raspberry

Mojito Orange

Mojito Peach

Mojito Apple

Mojito Coconut

Mojito Watermelon

Mojito Orange

Mojito Grapefruit

Mojito Vino

Mojito Banana

Mojito Omija

Mojito Plum

Mojito Pina

Mojito Strawberry

Mojito Cinnamon

Mojito Pomegranate

Mojito Lychee

Caipirinha, Brazil Cocktail

來做做看巴西雞尾酒小鄉巴佬吧。製作重點是讓冰塊與柑橘類精油相互作用之後，在杯子裡製造出一些香味，除了有柑橘的酸之外，也能讓人從這種新鮮香味裡感覺清爽。

小鄉巴佬，巴西雞尾酒

巴西的傳統雞尾酒小鄉巴佬，雖然這名字很難唸，但製作起來卻很容易。小鄉巴佬使用一種叫做甘蔗酒（Cachaca）的巴西傳統酒，不過國內並不常見，所以這裡用相似的蘭姆酒代替。

甘蔗酒散發甘蔗香味，而且非常透明清澈，酒精濃度比蒸餾酒低。蘭姆酒是萃取自糖蜜，而甘蔗酒則是用未經精製的甘蔗汁蒸餾而成。蒸餾之前，要先在木桶裡放置3星期讓甘蔗熟成，再經過3次煮沸。巴西有4,000種以上不同品牌的甘蔗酒，每年生產10億公升。

Lime Caipirinha
萊姆小鄉巴佬

| 萊姆或檸檬1顆 | 1 Fresh Lime or Lemon |
| 黃砂糖1湯匙 | 1 Spoon Brown sugar |
| 百加得蘭姆酒（白標）45ml |
| 45ml BACARDI SUPERIOR® Rum |

Orange Caipirinha
柳丁小鄉巴佬

| 柳丁半個 | Half Fresh Orange |
| 黃砂糖1湯匙 | 1 Spoon Brown sugar |
| 百加得蘭姆酒（白標）45ml |
| 45ml BACARDI SUPERIOR® Rum |

Strawberry Caipirinha
草莓小鄉巴佬

| 草莓5顆 | 5 Fresh Strawberries |
| 黃砂糖1湯匙 | 1 Spoon Brown sugar |
| 百加得蘭姆酒（白標）45ml |
| 45ml BACARDI SUPERIOR® Rum |

把萊姆或想使用的水果放到放有冰塊的寬口杯中，均勻灑上黃砂糖之後把水果壓成泥狀。然後倒入蘭姆酒，接著裝滿整杯碎冰後再充分攪拌均勻，最後插兩根吸管進去就完成了。可以把剩下的水果放在上面當裝飾，這樣看起來比較自然。

Daiquiri & Hemingway

Daiquiri
黛克瑞

糖漿15ml
15ml Sugar syrup
新鮮萊姆汁30ml
30ml Fresh Lime juice
百加得蘭姆酒（白標）50ml
50ml BACARDI SUPERIOR®
Rum

Omija Daiquiri
五味子黛克瑞

五味子糖漿30ml
30ml Omija syrup
檸檬汁或萊姆汁15ml
15ml Fresh Lemon or Lime
juice
百加得蘭姆酒（白標）50ml
50ml BACARDI SUPERIOR®
Rum

Grapefruit Daiquiri
葡萄柚黛克瑞

糖漿15ml
15ml Sugar syrup
新鮮葡萄柚汁30ml
30ml Fresh Grapefruit juice
新鮮檸檬汁10ml
10ml Fresh Lemon juice
百加得蘭姆酒（白標）50ml
50ml BACARDI SUPERIOR®
Rum

黛克瑞是古巴城市聖地牙哥郊外的礦山名，是用蘭姆酒當基酒的一種調酒。寫完
《戰地鐘聲》之後便陷入長期低潮的海明威，就是喝這種黛克瑞來撫慰自己的身
心。此後便發表了不朽名作《老人與海》，並且變得更加出名，因此黛克瑞可以說
是拯救了海明威的酒。

黛克瑞與海明威

Dragonfruit Daiquiri
火龍果黛克瑞

糖漿15ml
15ml Sugar syrup
維他命水火龍果口味30ml
30ml Vitamin water Dragonfruit
新鮮檸檬汁10ml
10ml Fresh Lemon juice
百加得蘭姆酒（白標）50ml
50ml BACARDI SUPERIOR®
Rum

Apple Daiquiri
蘋果黛克瑞

Monin青蘋果糖漿15ml
15ml Monin Green Apple syrup
新鮮檸檬汁10ml
10ml Fresh Lemon juice
百加得蘭姆酒（白標）50ml
50ml BACARDI SUPERIOR®
Rum

Lemon Daiquiri
檸檬黛克瑞

糖漿15ml
15ml Sugar syrup
新鮮檸檬汁30ml
30ml Fresh Lemon juice
百加得蘭姆酒（白標）50ml
50ml BACARDI SUPERIOR®
Rum

把各種材料依序放入調酒杯中，然後跟堅硬的冰塊一起大力搖拌。當調酒杯的溫度降低至讓手
感覺到冷的時候，就把內容物倒入準備好的馬丁尼杯中，並同時把冰塊濾掉。再憑自己的感
覺，照著各種不同風味的黛克瑞材料特性做裝飾便大功告成。這種調酒可以如實呈現出百加得
蘭姆酒（白標）甜甜的濃醇香，同時也能感覺到滑過喉嚨的強烈古巴風情。

Frozen Lime Margarita

冰凍萊姆瑪格麗特

萊姆**1**個　　1 Fresh Lime
龍舌蘭**45ml**　45ml Tequila
柳丁利口酒**30ml**　30ml Orange Liqueur
黃砂糖**1**湯匙　1 Spoon Brown sugar

●◎用萊姆或檸檬汁，在瑪格麗特杯杯緣的
部份沾上一圈，然後稍微抹一點雪花鹽在上
面。放2/3個剝了皮的萊姆在攪拌機中，接著
倒入龍舌蘭酒和柳丁利口酒。倒入大約一碗
的碎冰塊開始攪拌，直到攪拌機聲音變安靜
為止，然後加入砂糖再繼續攪拌到變成細緻
的果泥。

把內容物裝進準備好的瑪格麗特杯中，再利
用萊姆皮和剩下的果肉，做出有清涼感的裝
飾，最後插上短吸管。

Tequila
&
Margarita

龍舌蘭與瑪格麗特

龍舌蘭會受到全世界矚目，是因為瑪格麗特這種雞尾酒的出現。在此之前，龍舌蘭是只有墨西哥人在喝的酒，大家只知道這是一種當地特產。但是在以龍舌蘭為基酒的瑪格麗特出現後，龍舌蘭便一舉躍升為世界級的酒。瑪格麗特誕生於全美雞尾酒大會，20年後的1986年墨西哥舉辦奧運，而全世界也開始迷上龍舌蘭的美味。

瑪格麗特的特徵是以龍舌蘭為基酒，而且會在杯子邊緣抹上鹽巴（Salt Frost），這種酒使用的杯子是底部呈現圓鼓狀的玻璃杯。最早的瑪格麗特是用搖盪法做出來的，現在則是利用冰凍的方式，讓飲用者能夠感覺到龍舌蘭更溫柔的味道與香味。這不僅是讓人在墨西哥炎熱的天氣下能解除喉嚨乾渴，同時也為女性打造出一種更溫和的飲料，是一種很細心的體貼表現。

Enjoy
HOT Drinks
享受熱飲

如果天氣變冷、體溫下降,很自然地會去尋找溫暖的飲料。能夠享受清香的茶(Tea)雖然不錯,但有限的飲料種類實在無法滿足我們。我們的眼睛、嘴巴、腦袋,時常都在渴望嘗試新的事物,就讓我們來做一杯滿足這些渴望的溫暖飲料吧!

Sapphire
Twist 藍寶螺旋

半顆檸檬汁　Half Fresh Lemon juice
蜂蜜1湯匙　1 Spoon Honey
熱水100ml　100ml Hot water
龐貝藍鑽琴酒30ml
30ml BOMBAY SAPPHIRE® Gin
桂皮棒1根　1 Cinamon stick

●◎先把蜂蜜溶解在熱水中,然後倒入檸檬汁和龐貝藍鑽琴酒之後,再用桂皮棒充分攪拌。這時候可以用茶杯當成杯子,但為了維持內容物的溫度,我們可以在裝滿冰塊的杯子裡加入熱水,再把裝了飲料的大白蘭地杯,放在裝了熱水的杯子上面。讓我們用手感覺飲料的溫度,也用舌頭感受龐貝藍鑽琴酒蘊藏的香草香吧!

雙和茶

當歸4g、川芎4g、芍藥10g、熟地黃4g、黃歧4g、桂皮4g、甘草3g、生薑3片、棗子2顆

●◎裝1公升的水，把上面列出的材料都放進去煮到水沸騰。等到水開始滾的時候就把火關小，然後用小火熬煮兩小時以上。當水蒸發到只剩一半時，就把裡面的藥材渣滓撈出來，並把內容物另外裝在其他地方保存，需要的時候熱一杯來喝，也可以按照個人喜好添加蜂蜜和松子。

具有「陰陽調和補充氣血」之意的雙和茶，不僅可以讓身體變溫暖，還具有增加體力的效果。容易感到疲勞或容易感冒的人、生病之後身體虛弱的人，服用後就不會再一直感冒，整個冬天都能健康度過了。

Pumkin Punk
南瓜龐克

南瓜半個　Half Fresh Pumpkin
蜂蜜1湯匙　1 Spoon Honey
鮮奶油50ml　50ml Fresh Cream
百加得蘭姆酒椰子口味30ml
30ml BACARDI Coconut Rum

●◎把南瓜挖空之後均勻塗抹上蜂蜜，放進保鮮袋或用保鮮膜包起來，用微波爐熱5分鐘後再剝掉南瓜的皮，接著把蒸好的南瓜放進湯鍋裡，一面擠壓一面攪拌，再加入鮮奶油加熱，最後倒入椰子口味蘭姆酒，均勻攪拌混合以後，再裝進漂亮的容器裡。這種飲料很適合用迷迭香之類的香草做裝飾。南瓜是擁有絕佳美味與營養的蔬菜，其中含有豐富的碳水化合物、纖維質、各種維他命和礦物質，是可以當成零食來吃的好食材。而且還有維他命A、植物性纖維、維他命B1、B2、C、鈣質和鐵質等礦物質，營養豐富且平均。可以讓鼻腔黏膜變強壯，不僅能預防感冒，還具有溫暖身體的效果。

Buena Vista
Irish Coffee

Buena Vista 愛爾蘭咖啡

方糖3顆　　3EA White Cube sugar
美式咖啡100ml　　100ml Café Americano
愛爾蘭威士忌30ml　　30ml Irish Whiskey
奶泡45ml　　45ml Steam Milk

●◎先在咖啡杯裡暫時裝點熱水讓杯子變熱，接著加入方糖倒入咖啡之後，再充分攪拌使方糖溶化，最後倒入蘇格蘭威士忌，並加上熱熱的奶泡就完成了。讓我們來感受一下與淡咖啡香非常和諧的愛爾蘭威士忌特有香味吧！

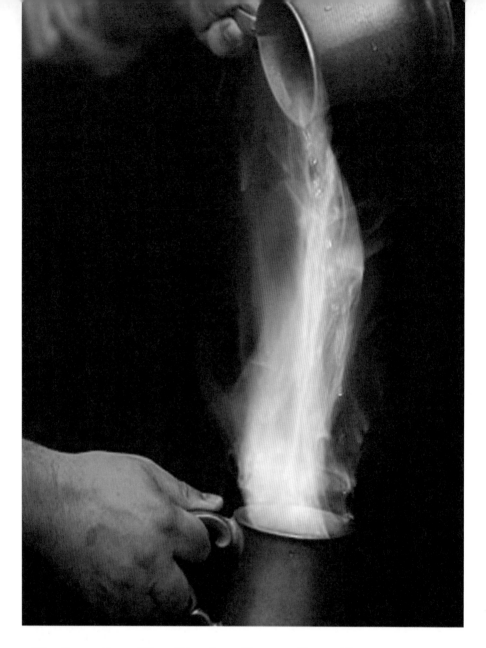

CLASSIC DRINK

2007年8月巴黎舉辦的調酒師大會上,發表了一份經典雞尾酒名單。而我參加完這個大會一回到韓國,就開始挑戰這當中最讓我印象深刻的藍色火箭。這是一種要操縱火焰的飲料,需要細心和高難度的技術,但這種調酒結合了熱與威士忌,可以讓人感受到不同於以往的威士忌魅力。

閱讀絕對的經典

Blue
Blazer Blazer
藍色火箭

方糖**1**顆　　1EA White Cube sugar
熱水**50ml**　　50ml Hot water
蘇格蘭威士忌**60ml**　　60ml Scotch Whisky

●◎ 首先要叮嚀大家小心別發生燙傷之類的事故。要製作這種酒之前，必須先充分練習如何準確地把水倒入鐵壺裡。不管是經驗再怎麼豐富的酒保或調酒師，都一定要做這個練習。

我們先準備咖啡師製作奶泡時使用的有柄鐵壺兩個，其中一個裝威士忌，另一個則用來裝熱水。方法是先在裝有威士忌的鐵壺上點火，然後再慢慢把火倒到裝有熱水的鐵壺上。這時候必須要有足夠的視野，讓製作者能清楚看見落下的火焰和鐵壺，也請注意別讓火跳到手上。像這樣火反覆在兩邊來來去去，自然就能加熱飲料，最後還能夠讓火自動熄滅。此時請把方糖放到杯子裡，並慢慢倒入加熱完成的飲料。這技巧如果練熟了，希望大家可以拿柳丁皮在鐵壺邊緣抹油然後點火，再繼續練習用鐵壺操縱火焰。

Enjoy Drinks
Together

眾人一起享受的飲料

Bloody Mary

血腥瑪麗

無糖番茄汁150ml　150ml No Sugar Tomato juice
2滴Tabasco醬　2 Dash Tabasco sauce
2滴梅林辣醬油　2 Dash Worcester sauce
鹽、胡椒各一小撮　Each 1 Pinch Salt and Pepper
檸檬汁10ml　10ml Lemon juice
灰雁伏特加30ml　30ml GREY GOOSE® Vodka

● 依序把材料放入調酒杯或調酒杯中，接著
放入冰塊一起搖拌。因為加了鹽和胡椒在裡
面，所以需要又快又強的搖拌材料才會融合在
一起。完成之後便把冰塊跟內容物都裝進透明
的平底酒杯裡，最後再用檸檬和芹菜做裝飾。
如果在血腥瑪麗的酒譜中多加進貝殼湯，就會
變成血腥凱撒（Bloody Ceasar）；而如果依
照個人喜好，在杯緣抹帕馬森起司粉或加入咖
哩粉，就又能夠做出另一種不同風味的調酒。

G-punch

剝皮的葡萄30顆　30EA Fresh Grapes
黃砂糖1湯匙　1 Spoon Brown sugar
檸檬汁30ml　30ml Fresh Lemon juice
蘋果薄荷　30g Fresh Apple mint
灰雁伏特加45ml　45ml GREY GOOSE® Vodka
汽泡酒或蘇打水200ml
200ml Sparkling Wine or Soda water

● 在透明的玻璃罐裡加入蘋果薄荷和砂糖、
冰塊，大力攪拌後再加入檸檬汁和砂糖、葡
萄、灰雁伏特加混合。然後裝滿碎冰塊再倒入
汽泡酒或蘇打水，分裝到小杯子裡一點一點慢
慢飲用，可以在玻璃罐裡隨意放入薄荷葉或檸
檬片做裝飾，強調飲料的清涼感。

Shooter or Shot Cocktail

試管杯或一口杯雞尾酒，是在強調調酒的視覺效果以突顯趣味的同時，也能讓飲用者享受各種材料在嘴裡混合的美味。這會使用到分層堆疊的漂浮（Floating）和分層（Layering）兩種技巧。因為這種酒完全沒有使用冰塊稀釋，所以酒精濃度非常高，是一種可以常在派對或俱樂部中看到的飲料。這種要用一口杯享用的飲料，因為漂亮，所以會特別引人注意、會讓人想伸手拿取、想馬上嚐試。而紐約的俱樂部也在盛裝的器皿上做了一些變化，改採原本用於科學實驗的試管來裝酒，變成另一種呈現飲料的設計。

一口杯的製作方法意外簡單。其基本原理是讓甜度高的酒和果汁靜止不動，而密度越低的就會自然浮在上層。舉例來說，在燒酒杯裡裝大概半杯的糖漿，然後再把酒杯傾斜，小心翼翼地把燒酒倒進杯子裡，糖漿跟燒酒就會像水和油一樣分離開來。使用的容器大小並不會有影響，這是一種只需要依照比例調整份量的常見手法。

試管杯與一口杯，暢飲設計

設計出專屬於你的試管酒　讓我們來整理一下製作試管酒的基本用語。就像所有的設計都是用一個基本框架當基準，再在這個基礎上照自己的感覺發展一樣，這些基本技巧只要運用的好，都能讓飲料變得更時尚。

PART　比例　以容器的比例計算相對分量的方法。假設要在一口杯（30ml）裡裝三種材料，那就是以1：1：1＝10ml：10ml：10ml的比例，放入A、B、C三種材料。如果是兩種材料，那就是各放15ml。

FLOAT　漂浮　讓液體上面再飄浮著另一種液體，而且兩層之間有清楚分界的一種技巧。有一種方法是一面用調酒匙攪拌液體，把壓力降到最低並讓液體浮起來；也有一種是讓容器呈現傾斜狀，再慢慢倒入液體的方法。但並不是所有材料都會浮起來，兩種液體之間的酒精濃度必須要有7%以上的差距才行。我們可以先用少量的液體做測試，最後再做成試管酒。

LAYER　分層　這種方法做出來的視覺效果就像漸層一樣，層跟層之間的界線非常模糊，看起來很像彩虹一樣。雖然這種方法跟漂浮一樣，但如果把液體倒入容器裡的壓力變大，那就會從漂浮法變成分層法。我們可以練習一下如何一面倒出液體一面調整注酒孔，這樣可以比較準確地做出漂浮與分層兩種不同技巧的效果。

Tequila Slam 爆炸龍舌蘭	Sapphire Herb 藍鑽香草	Detox 解毒劑	Fejioa Omija 鳳梨番石榴五味
龍舌蘭　Half Tequila 通寧水或蘇打水 Half Tonic Water or Soda 在容器裡倒一半的龍舌蘭，再倒入另一半通寧水，搖晃飲用。	龐貝藍鑽琴酒 Half BOMBAY SAPPHIRE Gin 薄荷茶 Half Peppermint tea 在容器裡倒入約一半的龐貝藍鑽琴酒之後，再裝滿冷薄荷茶。	桃子利口酒 1 Part 1 Part Peach Liqueur 蔓越莓果汁 1 Part 1 Part Cranberry juice 灰雁伏特加 1 Part 1 Part GREY GOOSE® Vodka 把試管傾斜，依序把材料慢慢倒入堆積起來。	42 BLOW Fejioa伏特加 42 BELOW Fejioa Vodka 五味子果汁　Omija juice 用1：1的比例混合42 BLOW Fejioa伏特加跟五味子果汁。

CONCEPT
SHOT

隨心所欲製作的飲料

喝的飲酒文化雖然無法用藝術裝飾，
但我們可以用視覺效果，讓純粹的
吃、喝變得更有趣。而且無論是哪種
美麗的視覺效果，都能做得出來唷。

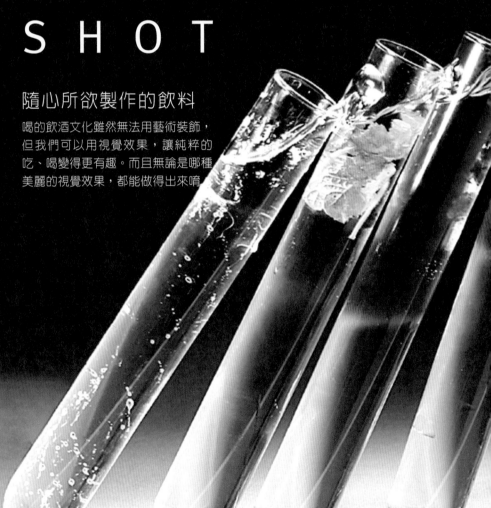

Blue note
藍色筆記

Monin藍柑糖漿1/2
Part
1/2 Part Monin Blue
Curacao syrup
荔枝利口酒 1 Part
1 Part Lychee Liqueur
百加得蘭姆酒（白標）
1/2 Part
1/2 Part BACARDI
SUPERIOP® Rum
先倒入荔枝利口酒，再
裝滿剩下的材料。

B-52

咖啡香甜酒（卡魯哇）
1 Part
1 Part Coffee Liqueur
(Kahlua)
香甜奶酒（貝禮詩）1
Part
1 Part Cream Liqueur
(Baileys)
柳丁香甜酒（甘曼怡）
1 Part
1 Part Orange (Grand
Marnier)
依次序把三種材料倒入
試管中。

Lemon Drop
檸檬水滴

新鮮檸檬汁1 Part
1 Part Fresh Lemon
juice
糖漿1 Part
1 Part Sugar syrup
灰雁伏特加Le Citron
1 Part
1 Part GREY GOOSE®
Le Citron Vodka
把各材料放進調酒杯中
跟冰塊一起搖拌後，再
裝成一杯冰涼的飲料。

Kamika
神風

新鮮萊姆汁1 Part
1 Part Fresh Lime juice
柳丁香甜酒1 Part
1 Part Orange Curacao
灰雁伏特加Le Citron
1 Part
1 Part GREY GOOSE®
Le Citron Vodka
把各材料放進調酒杯中
強烈搖拌之後，用雙重
過濾法裝入馬丁尼杯
中。

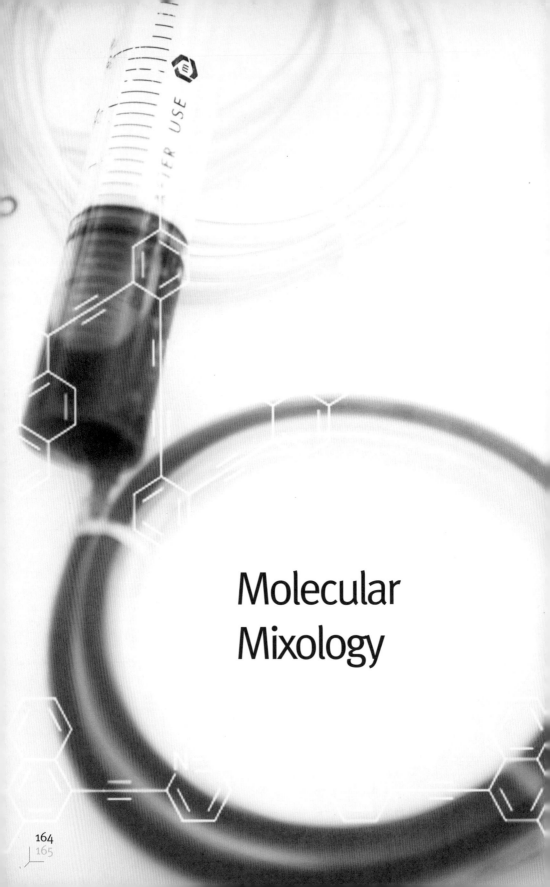

Molecular
Mixology

分子調酒

這種橫跨各領域，兼具刺激視覺的美麗與特殊食物型態的設計手法，其實已經普及一段時間了。韓國國內的餐飲市場為了跟上顧客多樣化的喜好，正快速的改變中。

但現在的酒吧，還停留在20年就已經有人喝的六月小蟲（June Bug）、椰林風情（Pinacolada）等水準。為了打造出一杯能刺激感官，解決每位飲用者不同喜好的飲料，我們做了多少努力？我們需要煩惱更高一個層次的東西。而且我覺得，這是橫亙在這時代的調酒師們面前的課題。

西班牙El bulli餐廳的主廚Ferran Adria，是分子料理界的權威。他雖然是這驚人發明的創始者，而且總是不停呼籲大家轉換思考方式，但他並不是一個科學家，而是一位廚師。在他所做的料理中，你本來以為是雞蛋的東西，吃下去卻發現是芒果、以為是泡泡的東西，放進嘴裡卻發現是帕馬森起司。

使用在分子料理中的材料和技巧，能運用在飲料上嗎？雖然國外曾實驗過，但在韓國國內至今還沒有一個地方正式將它放上菜單。

製作分子調酒時不可以試喝，這點請大家時時銘記在心。分子調酒的魅力，是在不喪失飲料主要味道的前提之下，使用分子飲料技巧，不僅讓神秘感與美感並存，同時也能提煉出更驚人的美味與美貌。

Equipments of Molecular Mixology

製作分子飲料的工具

針筒

想讓溶解了細微物質的液體，變成像魚子醬一樣的水珠狀時，針筒就非常有用。雖然也可以改用滴管，不過要一直做出水滴的時候，針筒還是我們的最佳選擇。隨著針筒的針孔大小和使用者施力大小，魚子的大小也會不同，請先決定好想呈現的樣子，再選擇適合的針筒使用。

測量匙

要把微量粉末放到超精密電子秤上時，可以用這個工具來降低誤差範圍，減少不停增減分量的麻煩。請依據使用需求，選擇不同大小容量的各種測量匙。

魚子撈勺

在要把魚卵從水中撈出來時使用的。液體會從撈勺上的小洞之間流掉，只剩下魚卵留在撈勺上。

超精密電子秤

由電子零件組成的超精密電子秤，誤差範圍是正負0.0001。這是可以把細微粉末的誤差降到最低的秤，攜帶方便、使用方法也很簡單。

Make Spaghetti with drinks
用飲料做義大利麵

Sapphire Spaghetti
藍寶義大利麵

龐貝藍鑽琴酒**40ml**　40ml BOMBAY SAPPHIER® Gin
檸檬汁**30ml**　30ml Fresh Lemon juice
糖漿**30ml**　30ml Sugar syrup
洋菜粉**1.6g**　1.6g Agar powder

●◎先用100ml的液體加1.6克洋菜的比例，把液體跟洋菜粉加進湯鍋裡，然後再加熱攪拌煮到液體沸騰。接著再利用針筒，把加熱過的飲料打進塑膠管裡，然後放到加滿冰塊的水裡冷卻。接著把灌入空氣的針筒插在塑膠管上，然後開始擠壓針筒拉出細長的義大利麵條。這時候的重點是要在寬盤子的上方，用固定的力量擠壓針筒做出麵條。

如果是用虹吸管（Siphon），那要拉出義大利麵條就更簡單了。不過如果不是要大量製作麵條的話，那只用針孔就夠了。

Gelification
凝膠

這是跟我們做水粉或羊羹時使用的寒天是相似的材料,是一種利用洋菜(Agar)把飲料果凍化的技巧。

Meet drinks on the future

NASA已經完成用一顆藥丸解決飲食問題的技術研發。但如果把吃的趣味,從人類基本慾望的食衣住中踢除,即使這樣非常方便,我們還會覺得幸福嗎?大概就是因為這樣,所以藥丸餐飲才沒有普及化吧。

但是,一口就能喝下的酒又怎麼樣呢?保存在冰箱裡冷藏的馬丁尼,居然變成一小塊東西,我老早就開始期待這種發明了。如果自己一個人想一下子就醉倒的話,這可非常有用了吧。不過,如果太過沉迷也很容易酒精中毒,還是需要注意一點。

遇見未來的酒

Cube Sapphire Martini

方塊藍寶馬丁尼

龐貝藍鑽琴酒100ml　100ml BOMBAY SAPPHIER® Gin
馬丁尼澀苦艾酒30ml　30ml Martini Dry Vermouth
洋菜粉4g　4g Agar powder
橄欖10顆　10EA Olives

◎先用精密電子秤測量，準備剛好4克的洋菜粉。把洋菜粉和剩下的材料一起放到湯鍋裡，一面慢慢攪拌一面等到內容物煮沸。關火後把所有的材料裝進一個四方型的容器裡，放在常溫下慢慢冷卻。這時請在底面冷卻凝固之前，加入一顆橄欖。等到在常溫下完全凝固之後，就按照四方型的樣子把酒凍切下來放進冰箱裡，這樣便大功告成了。就像我們隨時拿巧克力來吃一樣，這是想到的時候就能夠輕鬆享受的一口酒。

Apple Sandwich
Martini

蘋果三明治馬丁尼

蘋果酒80ml　80ml Apple Schnapps
青蘋果半顆　Half Green Apple
洋菜粉3g　3g Agar powder
檸檬汁5ml　5ml Fresh Lemon juice
灰雁伏特加50ml　50ml GREY GOOSE® Vodka

●◎把3克的洋菜粉和剩下的材料全放到湯
鍋裡，一面慢慢攪拌一面等到內容物煮沸。
這時候如果太過沸騰，酒精跟蘋果香就會散
逸，所以請把火調為適當大小。關火後再把
材料全倒入四方型容器中，然後放在常溫下
慢慢冷卻，最後放進冰箱裡冷藏。要吃的時
候就把蘋果削皮切成薄片，再跟準備好的馬
丁尼果凍一起交叉疊放，這樣就能吃到淡酒
香與蘋果味完美融合的另類蘋果馬丁尼了。
不過這不適合當成未成年人吃的零食，請注
意！

Caviar Drinks

用魚子醬製作飲料

做出魚子醬或蛋黃形狀的方法叫做Spherification（晶球化），是種讓海藻酸鈉與氯化鈣接觸，使其固體化的方法。

Algin

海藻酸鈉（Sodium Alginate）萃取自棲息在低溫海水中的褐藻類，是對人體無害的成份。原本以粉末的形式存在，不過只要碰上氯化鈣就會凝膠化。放在冷水或冰水裡就會凝固變成圓球狀，但放在高溫下就會爆開。如果把這種海藻酸鈉用在食物中，只要室溫適中的話，不管冷熱都不會溶解在水裡。

Calcic

氯化鈣也被稱為鈣鹽，主要用於製作起司，可以看成和製作豆腐時使用的鹽鹵一樣。氯化鈣遇到海藻酸鈉就會開始凝膠化，是晶球化過程中不可缺少的重要材料。

Citras

在食品產業當中，柑橘一直都用於防止水果和蔬菜褐變，同時也能增加食物的酸味，並幫助晶球化的過程變得更容易。如果晶球化過程中沒有柑橘的話，晶球感就會消失。柑橘的酸鹼值大概在ph 4或 ph 4.5左右最適當，屬於水溶性。

Recipe of Spherification

融合魚子醬的口感與水果的美味

哈密瓜或柳丁汁**250ml** 250ml Fresh Melon or Orange juice
藻膠粉**2g** 2g Algin Powder
水**1L** 1L Water
氯化鈣**2.5g** 2.5g Calcic

●◎用湯匙舀250克的哈密瓜或柳丁汁，再把果汁和2克的藻膠粉一起放入攪拌機裡攪拌均勻。這時候不要一次把果汁全部倒進去，先倒1/3跟藻膠粉混合之後，再一點一點把剩下的果汁倒進去，讓藻膠粉完全溶解在果汁裡，然後暫時放在冰箱裡。接著把2.5克的氯化鈣倒入1公升的水裡，讓氯化鈣完全溶解。再把放在冰箱裡和藻膠混合的果汁倒入針筒裡，一顆一顆打進鈣溶液裡面，這樣藻膠果汁就會馬上變成魚卵的樣子。把這魚卵狀的東西放在鈣溶液裡浸泡1分鐘之後，再用篩網撈起來放進冷水裡漂洗，這樣就能馬上使用了。放在水裡漂洗並不是因為其中有對身體有害的物質，而是要洗去鈣溶液的鹹味。

因為這是要靠正確的容量與甜度、酸度才能完成的技巧，所以一開始做起來並不容易。好好練習上面敘述的方法，同時我也建議可以加入其他材料。不過像檸檬汁這種材料，很容易破壞酸度的平衡，所以使用之前一定要正確計算、研究過材料的成份與容量。這種技巧能讓人同時吃到像魚子醬、飛魚卵、鱘魚卵的口感與水果的香甜滋味，我建議大家務必要精通這種令人驚艷的技巧。

Try to Molecular Drinks

挑戰分子調酒

●在使用超精密電子秤之前要先把秤歸零，還要確認測量單位是否是公克。這些事前準備都是為了能夠準確測量出2.5克的藻膠粉。

◎先把打得非常細緻的250克果汁盛裝起來，並確認果汁裡是否有細小果肉。請先倒入80克的果汁，再加入計算好的藻膠粉並用手動攪拌器攪拌。等到藻膠粉溶解到一定程度，再把剩下的果汁一起倒進去攪拌。凝膠化在低溫狀態下的反應更好，所以請暫時放在冰箱裡保存。

●接著在透明碗中倒入1公升的水，加入2.5克的氯化鈣後用攪拌機均勻攪拌。然後把準備好的藻膠果汁混合液裝入針筒，再利用針筒把藻膠果汁一顆顆打入鈣溶液裡，就會產生像之前說過的那種，變成球狀的凝膠化反應。請讓藻膠果汁球浸置約1分鐘左右。

◎然後把完全凝固，呈現魚卵形狀的小球用濾網或一般網子撈起來，放進冷水裡稍微浸一下再拿出來瀝乾水分。這個步驟是為了把在鈣溶液階段時，附著在果汁球上的氯化鈣鹹味洗掉。等到水分瀝得差不多時，就把果汁球裝在容器中放進冰箱保存。這大概可以保存一星期左右，用在果昔或冷飲上，可以做出非常有趣的視覺效果與口感。

Make Foam drinks

製作特殊的泡泡

卡布奇諾與新鮮啤酒的生命就是泡沫。喝下一口飲料之後，用舌頭把沾在上唇的那些泡沫舔掉，那種感覺真的非常輕鬆。分子飲料的技巧中，讓飲料呈現出乳化感的方法，就是先把飲料泡沫化，然後再像棉花糖一樣把泡沫堆疊起來。

Emulsification

乳化 當手邊有兩種不會相互溶解的液體時，讓其中一種液體變成比較小的分子，分散在另一種液體裡，就總稱為乳化。其實不相溶的兩種液體，就是在說水和油。但要讓水和油持續呈現混合狀態，本質上是不可能的事情。所以在製造乳化狀態時，會需要添加第3種物質，這是一種被歸類成表面活性物質的乳化劑。我們常見的乳化劑，都是從人體無害的天然材料中萃取出一些成份製成的，這些成份有卵磷脂（Lecite，從豆類獲得）、汽泡糖（Sucro，從砂糖中獲得）、單甘脂和甘二油脂（Glice，從甘油和脂肪酸中獲得）。這些乳化劑可以在日常生活中，讓液體變成人眼可見的分子構造。可以把平凡的液體飲料改變成外型特殊的東西，並改變食物的口感。原本就含有卵磷脂成份的蛋黃，只要加入一點酸再和食用油混合，就會變成美乃滋，這個技巧其實和乳化原理非常類似。在密度較高的油裡面加入乳化劑和空氣，可以暫時形成一個包覆空氣的膜，而只要不斷重複這個過程，就能做出可以維持很久的泡泡，這就稱為乳化。

Citrus Herb Cream

柑橘香草奶油 我們可以在飲料裡加入清爽的柑橘香草奶油，代替有變胖疑慮的一般奶油。接著來品嘗一下清爽檸檬汁與淡香草香結合製成的奶油吧。

先用3個檸檬擠汁之後，再把檸檬汁跟100克的薄荷一起放進攪拌機裡攪拌，然後用濾網把果肉和渣滓從攪拌完成的液體中濾掉。接下來在300毫升的水裡，加入1.7克的吉利丁粉（Gelatin Powder）或兩張果膠片（Blatte Gelatine），再充分攪拌均勻。接著把準備好的檸檬薄荷汁加入凝膠水裡混合之後，放在虹吸管裡裝上蓋子。然後打開瓦斯鎖，把膠囊狀的瓦斯插入，再朝順時針方向用力把瓦斯鎖鎖上。讓注入口朝下接著連續搖晃幾次再稍微壓一下握柄，這樣就能擠出又柔軟又清爽的香草奶油了。這可以當作搭配各種飲料的奶油或裝飾，也能夠用來當成沙拉的沾醬。

Dongchimi Foam

醃蘿蔔泡菜泡沫 醃蘿蔔泡菜屬於水泡菜的一種，是用蘿蔔、白菜、蔥、醃漬辣椒、生薑、梨子和湯水做成的。雖然醃蘿蔔泡菜也像其他泡菜一樣會經過發酵，不過發酵時間只需要2～3天，跟其他泡菜相比算是比較短。

某天，我突然想到把醃蘿蔔泡菜做成泡沫放到飲料上面，而且還馬上就實行了這個想法。首先準備600克醃蘿蔔泡菜，並用精密電子秤量出3克卵磷脂。再把這3克的卵磷脂放入600克泡菜中，然後用手動攪拌器攪拌，讓泡菜裡面充滿空氣。等到空氣遍佈泡菜中之後，綿密又順口的醃蘿蔔泡菜泡沫就完成了。只要用湯匙挖一點這種泡沫，加在飲料或食物上面便大功告成。如果要大量使用，可以啟動氧氣製造機然後放在容器裡，這樣就可以持續產生泡沫。

Korean
Soju
Cocktail

韓國人的口味，用燒
酒製作雞尾酒

韓國燒酒歷史的濫觴，源自於蒙古人接受波斯文明。燒
酒本來叫做「阿拉克酒」，從高麗時代開始盛行，使用
韓國產的穀物為原料製成，不僅味道與香味非常順口，
液體顏色還非常清澈，同時也當作藥材使用，是種價格
高昂的珍貴高級酒。長久以來跟韓國一同發展的燒酒，
隨著時間的流逝逐漸褪去高級的形象，就像「接下來去
喝杯燒酒吧」這句常見的話一樣，燒酒變成一種庶民之
間常喝的酒。

這樣忠實保存下來並持續受到喜愛的燒酒，製作方法和
伏特加很相似。只要選擇好要使用的材料再跟燒酒結
合，燒酒就會搖身一變成為很棒的基酒。韓國國內販賣
的燒酒中含有竹子、松針、香草等，這些添加物都是為
了蓋過燒酒的化學酒精味，只要想成是各種口味的伏特
加就比較容易理解了。

1974 Pink

維他命水火龍果口味60ml
60ml Vitamin water Dragonfruit
檸檬汁15ml　15ml Fresh Lemon juice
瑜珈茶有機糖漿30ml　30ml YOGI Organic tea
syrup
韓國燒酒30ml　30ml KOREA Soju
蘇打水裝滿　Soda water, to top up

●◎先把各種材料放進透明的杯子裡，裝進整杯碎冰塊後再倒滿汽水。這杯突顯美麗粉紅色與清爽檸檬、火龍果香味的飲料，不僅可以消除嘴裡的濃烈燒酒味，連滑過喉頭的那瞬間都讓人感到甜蜜暢快。

Rosemary
Sojuade 迷迭香燒酒

迷迭香香草5片　5 Fresh Rosemary Leaves
糖漿30ml　30ml Sugar syrup
檸檬汁30ml　30ml Fresh Lemon juice
礦泉水30ml　30ml Mineral water
韓國燒酒50ml　50ml KOREA Soju

在製作這種飲料的一天以前，就要先把五張
迷迭香葉放進燒酒瓶裡浸泡著。然後把各種
材料放進調酒杯中，跟堅硬的冰塊一起大力
搖拌，最後再裝入平底酒杯裡就完成了，還
可以另外用檸檬皮或迷迭香做裝飾。就算是
在家裡，也可以讓全家人一起品嚐這種新鮮
調酒唷。

Drink Water, Taste Water
喝水，品水

Gerolsteiner 迪洛斯汀　油洛斯汀礦泉水是德國第1的礦泉水品牌，當中含有德國西部火山地區產出的天然碳酸，有豐富的礦物質和柔順的口感。這種來自火山岩的水，擁有348m/L的高含量鈣和108m/L的高含量鎂，讓飲用者能直接品嚐到自然的純粹美味。

DMZ　這種從數十年間未遭到人類染指的世界非武裝區DMZ（DeMilitarized Zone）採集而來的淨水，其中含有鈣（Ca）、納（Na）、鉀（K）、鎂（Mg）等各種天然礦物質。

NORDENAUER　Nordenau井水　神秘之水Nordenau井水是世界3大名水。是從距離德國杜塞多爾夫100公里處Sauerland東邊的Nordenau流出來的井水。最近許多研究結果顯示，這是一種含有神秘功能的水，非常受到世人矚目。

evian 愛維養　這種來自法國阿爾卑斯山區的水，在礦泉水中被歸類為冰河水。它打著真空製造絕對衛生的名號，其中含有豐富礦物質，喝的時候可以感覺到其特殊的黏性。

VOLVIC　富維克　這種水的水源地位於法國歐維納地區的休火山清淨溪谷的富維克，是一種沒有刺激性的中性礦泉水，法國的富維克小鎮也因為這種水而出名。

SURE　一般的水可分為冰河水、礦泉水、深層水等不同類別。SURE則是來自海底深處的海洋深層水，取自水深超過200公尺的海洋深處。海洋深層水存在於陽光無法到達的深海中，並沒有接觸到大氣中的汙染源，其中含有非常乾淨的天然礦物質。

SMART WATER　這種水是用水循環過程之一的蒸餾為原理製成的，是種非常乾淨純粹的水，為紐約品牌Glaceau所推出的原味礦泉水。這種從地面湧出的水，跟其他礦泉水一樣在美國受到極大的歡迎。

SAMDASOO　韓國由濟州特別自治道開發公司所生產的SamDaSoo，自從1998年3月上市以來，便獲得消費者熱烈支持，上市6個月之後直到現在，都佔據韓國瓶裝水銷售第1名。

世界的水市場開始朝高級礦泉水市場擴張，價格比1公升
油還貴的水比比皆是，而人們也對這些水非常狂熱。千萬
別只靠設計來選擇這麼多不同品牌的昂貴礦泉水，要從味
道（pH）、感覺（硬度）、礦物質含量（TDS）、品質
（純淨）來評價這些水。正在想像夢幻水酒吧的你，睜大
眼睛注意看吧。

ACQUA PANNA 巴娜　這種義大利人氣礦泉水巴娜，是不含碳酸的乾
淨礦泉水。其柔和的味道，能和吃下肚的食物與紅酒達到極致的美味平
衡。

WILDALP 雪波寶貝　這種水取自世界各大停戰區之一——奧地利南阿爾
卑斯山脈的維爾道爾彭（Wildalpen），是一種完整保存自然原味的嬰
兒用水。雪波寶貝通常用來當嬰幼兒飲用水，加在免疫系統不安定的兒
童奶粉、斷奶食品中，是品質很好的嬰兒用水。

AZZURRA　這是一種取自阿爾卑斯山脈東北方白雲岩岩層的自然湧泉
水，特徵是有礦泉水的綿密氣泡，喝下後還會有純淨的後味留在口中。

S.PELLEGRINO 聖沛黎洛　是用義大利阿爾卑斯山丘陵地底700公尺
深的溫泉水製作而成。經過漫長的天然過濾，是種擁有獨特高純度與絕
佳品質的礦泉水。聞起來有讓人心情愉快的好味道，喝進嘴裡則是能感
受到些微的酸味與清爽感。

Ferrarelle 法拉蕊　這是種以義大利礦泉水銷售第1而聞名的天然氣泡
礦泉水。水中有豐富的鈣和鎂，還含有能夠幫助消化的碳酸氫鈉，對腸
胃很好。

Perrier 沛綠雅　這是法國南部加爾省所出產的天然礦泉水，在礦泉水
市場的佔有率始終是世界第1，幾乎快要登上金氏世界紀錄。

Eau de Perrier 藍色沛綠雅　是一種零卡路里的原味氣泡礦泉水。它
降低了原本沛綠雅礦泉水中的清涼感，變成更適合搭配食物飲用的礦泉
水。

OGO　這款由LV設計師Ora Ito所設計的OGO礦泉水，誕生自世界停
戰區之一的荷蘭。因為比一般礦泉水多了35倍的氧含量（飲用後15分
鐘內可增加血液中的氧氣含量）而相當自豪。

FIJI 斐濟水　位居美國市場佔有率第1的斐濟水，含有依靠自然淨化作
用達到平衡的礦物質成份。其特徵是取自經過天然火山岩濾淨，藏在地
底深處的含水層。

INTRODUCTION　我很享受製作飲料，所以才能夠傾注熱情，並持續為開發新的飲料而努力，進而找到我人生的發展目標，也讓我獲得以Bacardi Korea品牌大使身分活動的機會。能夠研究雞尾酒，同時成為推廣讓飲料配合場所與聚會氣氛的文化大使，讓我原本平靜的心再次激動起來。

身為一個調酒師要做的事情非常多，但即使如此，現在能夠盡情做自己想做的事，我感到非常幸福。

I AM
A MIXOLOGIST

Meet the Mixologist

讓人醉倒是我的職業

湯姆·哈斯金森身為紐西蘭專門製作調酒的人，同時也是紐西蘭原味伏特加「42 BELOW」的宣傳大使。比起酒保這個名稱，他比較喜歡人們稱他為調酒師。

「正確來說，我可以說是『醉酒師（Intoxologist）』，是讓人『醉倒』的意思」。

在西歐，酒吧裡製作調酒服務客人的這些人都稱為調酒師。意思是為了新穎的味道，而把各式各樣的酒和飲料混合在一起進行創作的專家，也就是使用有機材料與新鮮果汁進行創作的調酒師。

總是潛心開發新調酒的湯姆，在訪韓期間總共介紹了10多種新的雞尾酒。也介紹了鳳梨番石榴、百香果、奇異果等象徵紐西蘭的各種水果，還有馬奴卡蜂蜜等四種全新風味的伏特加基酒，這些全都是在韓國國內沒有的東西。

熱中於讓雞尾酒「化學結合」的他，大學時主修生物學跟音樂，並不是個專職酒保。他原本白天做出版企劃，晚上在酒吧工作，也因而體會到雞尾酒的魅力，最後他決定當一個專職調酒師。

他在紐西蘭知名的酒吧裡獲得推薦。在湯姆開始展露頭角的1990年，被看中他能力的日本名古屋「Pleasure Zone」經理推薦，現在在日本延續自己的職業生涯。

「現在全世界都流行在雞尾酒中加入新鮮水果，或許雞尾酒界也正在吹起一股樂活風。」

他說「在韓國喝到的雞尾酒，比在日本的更多元更有創造性」。日本跟韓國相比「或許太過於慎重與文雅」，所以他們所喝的雞尾酒，大多還是琴湯尼這類的傳統酒。

他表示「我認為不能讓到酒吧的顧客們覺得自己『只是來品嚐雞尾酒』。基於要讓客人感受氣氛、和酒保對話，同時也能品味雞尾酒的這點來說，調酒師這個角色非常重要。一位好的酒保，比起過度偏重技巧，更應該要了解時尚與潮流，讓自己更能夠配合顧客發揮創意。」

＊本篇訪問刊登於〈周刊韓國〉2269號

湯姆哈斯金森
Tom Huskinson

想製作滿分飲料的調酒師

我跟權赫敏合作過幾百次計畫，從他那裡學到很多東西。從第一次見面起，我們兩人就一直處在良性競爭當中。但因為一個機緣，我們一起進行泰國市場調查，才知道我們錯過了對方與自己風格迥異的雞尾酒類型。

他為了研究浸漬飲料而不斷參加國內各大傳統酒聚會，這位調酒師投注其中的熱情可說是無人能敵。愛雞尾酒勝過燒酒的他，家中的冰箱藏有　堆馬上會讓人聯想到酒吧的材料。曾經是狹鷗亭「Tell Me About It」經理兼調酒師的權赫敏是位香草飲料大師，為了提昇韓國國內的傳統雞尾酒，他學習日本傳統經典技巧，扮演融合過去與現代的角色，是國內首屈一指的調酒師。

我在思考
最近人們對調酒師這個職業開始感興趣的理由
不久前一個很好的朋友問過我類似的問題。我猶豫了一下，然後這麼回答他：這世界上，職業的型態分為很多種。但是沒有電腦還是可以執行的人類能力中，靠思想與身體動作進行的傳統工作僅佔其中的50％。而散發自這種傳統的人情味，或許就是這職業存在的理由。

最初就從調酒師開始做起嗎？
不是。大約10年前我剛開始在酒吧工作，當時酒保的體系與年資就很嚴謹，我一直以學徒的身分工作超過3年。當然，從製作雞尾酒的技巧，到打掃、洗碗、外場等都是我的工作。現在想想，與其說怨恨與後悔，那段時期反而訓練了我的精神力，讓我能夠一直堅持到現在。正式以調酒師身分開始活動已經差不多6年了。韓國酒吧中使用的酒杯與酒類非常有限，當我知道這些全都是很相似的東西之後，就開始學習其他各種不同的材料。食物是有所謂的八字，我是一邊思考著各種材料之間的搭配，一邊進行飲料製作的。

很多人好像對飲料中聽見的「材料的八字」感到非常生疏
材料的八字有多重要呢？
現在在市場上販賣的蔬菜汁中，有些產品所提供的營養甚至在沙拉之上，但是這當中卻有人同時使用紅蘿蔔與黃瓜，仔細了解一下才發現，這樣其實就跟只喝水沒什麼兩樣，因為紅蘿蔔與黃瓜會相互破壞對方的營養。就像大家平時喝下的水，其使命就是延續人類的生命一樣，我認為透過對身體有益的材料，製作出最棒的飲料是我的使命。

權赫敏

KWON HYEOK MI

像這樣把理論代入飲料中，是調酒師的必備要素嗎？

並非一定要這樣。當然，最近分子調酒的出現，讓很多調酒師研究到一個頭兩個大，進而學習化學分子元素的挑戰者也不在少數，但我還是覺得比起理論，從製作飲料的過程中，找出自我風格的呈現方法才是最重要的。

未來調酒師權赫敏的計畫是什麼？

人們都喜歡容易跟著哼唱的歌，我也計畫要做出簡單、大家都能輕鬆製作出來的飲料。不過，前提是一定要確保材料的新鮮程度。就算只是短短的一段時間，還是想要做出在喝下去的瞬間，就能夠讓人感覺完美滿分的飲料。就像熱飯才好吃一樣，要把溫度調整到最適合各種飲料。這種瑣碎的事情我一個都不想放過，我真的是個很有野心的人呢。

最後公開一個他的秘密。他只有一個小毛病，那就是不會傻傻的相信材料。沒經過他本人試過的材料絕不會被認可，他就是這樣一個老頑固。請給未來還會繼續有更好發展的調酒師權敏赫掌聲鼓勵。

Mixologists in Korea
「日新月異的挑戰與戰鬥」－我眼中的優秀調酒師

金敏衡

要在國內找到兼具實力與外貌的調酒師，幾乎就像演藝圈經紀人要發掘新星一樣困難。而要找出觀察事物、兼具感性，甚至能夠把感覺呈現出來的這位調酒師，就更加困難了。

全心展現自己對飲料的想法與展現力的調酒師金敏衡，說他喜歡飲料的自由表現方式，也喜歡可以學習研究各種能喝的事物。而且，他還說要創造一個讓一般人都會關心這些事情的新職業。

金敏衡不喜歡設限，也不喜歡受限於某種類型。他發揮創意讓飲用者能夠感到幸福，同時也背負著要創造新調酒設計的這個沉重包袱。我衷心的期待，他的飲料可以在全球飲料界裡引領一股潮流。

朴成烈

專業的調酒師，無論何時都要把細心與準確度擺在第一位。而最符合這個特質的調酒師朴成烈，每天都忙於飲料製作的練習與研究。比測量工具更準確的朴成烈，製作飲料的速度雖然一般般，但在細心度上卻無人能出其右。了解飲料的香味更甚香水，並且喜愛這種香味的人就是調酒師朴成烈。他想把飲料中的人造香味與自己所嚐過天然香味，全都推廣給大眾。現在根本是瘋狂地在收集跟飲料相關的所有事物，或許哪天可以開一間時尚飲料博物館，讓我們期待他無限的潛力。

李泫武

井底之蛙總認為自己是最出色的。但是，得知外面還有更遼闊世界的青蛙，比起感到失望與挫折，我想更應該是滿懷挑戰與希望吧。李泫武就是這樣抱著成為調酒師的夢想，走入這個廣大的世界裡，為此，他甚至拒絕了F&B企業的經理職位。

比起用洋酒製作飲料，李泫武更致力於研究我國傳統酒類，把好東西宣揚出去是他的理想。事實上，對於我們祖先自古利用浸漬法研究出來的傳統技巧居然沒有變成商品，他感到非常憤怒。他說，比起使用昂貴的好材料做出好喝的飲料，能用日常的材料做出新鮮的頂級美味，才是他從事這行的初衷。祝今天也認真進行市場調查的他順利成功。

某天，我和日本朋友一起到知名的粗話奶奶湯飯店去。老奶奶一如往昔，用幾句親切的粗話來高興的迎接我們。但是，日本朋友吃飯的時候一直忍不住他心中的不舒服。那位朋友看著奶奶，陷入深沉的思考中。

親切感也是種美味。無論東西再怎麼好吃，要是服務的人不親切的話，那這食物就跟從自動販賣機買到的即溶咖啡沒什麼兩樣。製作飲料的時候，我也都催眠自己是在為自己深愛的人製作飲料，而這促使我給客人帶來最佳的服務。

調酒師並不是主角，而是用一個玻璃杯，把幸福訊息傳遞給飲用者的人。在為顧客著想的最基本服務中，調酒師必須要為顧客實現任何事情。

調酒師不需信心滿滿地表現出自己能做出酒單上的所有飲料，這世界上有超過數萬種飲料，我們就像是只學了這其中1%的學步嬰兒。不過，如果是個很努力的調酒師，只要是客人希望，無論是什麼都能做的出來。不僅是不在菜單上的雞尾酒，就連平常客人會點的雞尾酒，也都要能根據那天客人的心情或點單，做出各種不同的變化。

對一位合格調酒師的要求，不僅侷限在飲料當中而已。還要能夠反映出聚集在某個特定空間中的人，以及那些人們所關心的最新文化潮流才行。也就是說，調酒師要不斷充實自己，讓自己成為一個調和空間氣氛並創造出的所有事物的角色。

其實靠調酒師會不會製作分子調酒，判斷出他的年齡並不容易，因為飲料的潮流時時刻刻都在改變。最重要的還是飲料本身的新鮮美味、親切服務的美味，以及閱讀飲用者情感的卓越表現能力。如果擁有能充分運用五感體會的細心、通曉材料特性且極具品味的表現能力，那就真的是位非常有魅力的調酒師了。

別不小心錯過所有事物，
研究、製作所有吃過喝過的東西，努力從中發現他們的優點，
這世界上所有在動的東西，都會成為調酒師的最佳刺激。

To be a
Mixologist

為了成為調酒師

Mixologist's
Menu Guide

一 窺 調 酒 師 的 酒 單

7年前，我在清潭洞的74Bar工作，同時也不分日夜地研究如何做出美味且有趣的飲料。我找來稀有的材料加進飲料裡，還使用了科學實驗道具，努力想超越原有的極限。

2009年位於清潭洞的Lound Bar開幕，更增加了我的飲料實驗元素。這間酒吧所推出的酒單內容，都是一些有趣、好喝、健康的飲料。而這張酒單甫一推出，馬上就讓Lound Bar躋身為沛綠雅選出的全球5大酒吧之一，不僅獲得極大的矚目，也提升了在民眾間的知名度，現在就來公開蘊藏了這些努力成果的酒單吧。

Basic of Classic Cocktail

經典雞尾酒的基礎，馬丁尼

Sapphire Martini
藍寶馬丁尼

橄欖2顆　2EA Olives
馬丁尼澀苦艾酒50ml　50ml Martini Dry Vermouth
龐貝藍鑽琴酒75ml　75ml BOMBAY SAPPHIRE® Gin

●◎先在大碗或調酒杯中裝滿碎冰塊，接著裝滿水稍微攪拌一下，然後把水倒乾只留下冰塊。這麼做是為了去除黏在杯壁上的冰塊渣滓和髒東西，同時也達到冷卻調酒杯的效果。然後再把龐貝藍鑽琴酒和苦艾酒倒入容器裡，小心地用湯匙攪拌。調整好力道強弱，並依順時針方向攪拌約50次之後，再把內容物裝入馬丁尼杯裡。最後加幾顆橄欖，再淋一點檸檬皮的油，這樣原本馬丁尼味的濃烈酒味就變身清爽香味了。

Lime
Martini
萊姆馬丁尼

萊姆一個　1 Fresh Lime
糖漿**30ml**　30ml Sugar syrup
灰雁伏特加**45ml**　45ml GREY GOOSE® Vodka

●◎把一顆萊姆切成丁之後,再放到調酒杯裡
擠壓成泥。因為我們無法用一般的榨汁機榨取
萊姆皮中的油香,只能改採擠壓法。接著倒入
糖漿和灰雁伏特加跟冰塊一起大力搖拌,再利
用過濾器把內容物倒入馬丁尼杯裡。最後用萊
姆皮做自然裝飾,一杯既爽口又美味的萊姆馬
丁尼就大功告成。

Dirty Martini

龐貝藍鑽琴酒60ml　60ml BOMBAY SAPPHIRE® Gin
馬丁尼澀苦艾酒30ml　30ml Martini Dry Vermouth
橄欖15顆　15EA Olives

●◎在經典酒譜裡，Dirty Martini的做法是會先把橄欖浸在瓶子裡，再使用瓶子裡裝的橄欖水，但這樣鹹味很重，喝起來會讓人覺得很不舒服。為了做出一杯標準的Dirty Martini，首先要放15顆橄欖在調酒杯中，用水洗過之後再把水瀝乾。接著擠壓這些橄欖，把橄欖類藏的汁液完全擠出來，最後加入琴酒、苦艾酒和冰塊一起大力搖拌。然後用雙重過濾法把橄欖渣和冰塊濾掉，讓內容物流入馬丁尼杯子裡，這樣就完成一杯內含橄欖的完美Dirty Martini了。

其實原本的馬丁尼裡就有加橄欖，而Dirty Martini則是為了多吃到一些橄欖而發展出來的調酒口味。一般的馬丁尼裡都只放三、四顆橄欖，但有些人想要吃到更多的橄欖，所以就做出了Dirty Martini。當美妙的橄欖香味與原本的馬丁尼味混合，就會創造出更清爽的香味與美味。

Welcome to Martini world

多采多姿的馬丁尼世界

Raspberry
Cheese Martini

覆盆子乳酪馬丁尼

馬斯卡邦乳酪和奶油乳酪20ml
Mascarpone or Cream Cheese 20ml
覆盆子6顆　6EA Raspberry
牛奶30ml　30ml Milk
糖漿30ml　30ml Sugar syrup
灰雁伏特加30ml　GREY GOOSE® Vodka

●◎先把覆盆子放到調酒杯中，再倒入奶油
乳酪一起擠壓成泥狀。然後跟剩下的材料一
起大力搖拌，最後把冰塊濾掉並將內容物倒
入馬丁尼杯裡。裝飾則可以使用覆盆子或乳
酪加糖圈。

Mint Chocolate Martini
薄荷巧克力馬丁尼

薄荷葉5片　5 Mint leaves
白巧克力醬30ml　30ml White chocolate sauce
白可可利口酒15ml　15ml White cacao Liqueur
灰雁橙味伏特加30ml　30ml GREY GOOSE® L' Orange®
Vodka

●◎先將整個馬丁尼杯沾滿白巧克力片和巧克力醬，接著
把薄荷葉放到調酒杯中擠壓，然後把剩下的材料一起放進
去大力搖拌，最後再使用雙重過濾法把飲料倒進馬丁尼杯
裡。

Grapefruit Martini
葡萄柚馬丁尼

葡萄柚半顆　Half Fresh Grapefruit　糖漿30ml　30ml Sugar syrup
灰雁橙味伏特加45ml　45ml GREY GOOSE L'Orange® Vodka

●◎先用榨汁機擠出半顆葡萄柚的果汁，如果擠果汁時一下子太用力的話，會連葡萄柚皮裡的油脂也跑進果汁裡，讓果汁產生很重的味，請注意別太大力。然後把葡萄柚汁、灰雁橙味伏特加、糖漿還有冰塊一起放入調酒杯裡搖拌。完成後就用過濾法把冰塊濾掉並將內物倒入杯子裡，但要小心別把果肉一起濾掉，讓果肉也能一起進入杯子裡。可以用葡萄柚皮或曬乾的葡萄柚做裝飾，這種裝飾感可以讓人增加食慾。

Kiwi Basil Martini
奇異果羅勒馬丁尼

羅勒葉**4**片
4 Fresh Basil leaves
奇異果**1**顆
1 Fresh Kiwi
糖漿**30ml**
30ml Sugar syrup
灰雁伏特加**45ml**
45ml GREY GOOSE® Vodka

● ◎拿一顆熟度剛好的奇異果，去除掉皮
和莖之後，再跟羅勒葉一起用擠壓法壓成
果泥，擠壓的時候最好能保持奇異果籽的
完整。接著將剩下的材料跟冰塊加一起搖
拌，最後把內容物倒進沒有放冰塊的馬丁
尼杯裡，再用羅勒葉或奇異果做裝飾，這
樣就可以讓飲用者感受到清幽的羅勒香和
清爽的奇異果味了。

Rose apple Martini

玫瑰蘋果馬丁尼

玫瑰糖漿15ml　15ml Rose syrup
蘋果酒30ml　30ml Apple Schnapps
半顆蘋果汁　Half Fresh apple juice
灰雁伏特加30ml　30ml GREY GOOSE® Vodka

●◎先把半顆蘋果放到攪拌機裡打成汁以後,再跟剩下的材料一起搖拌。最後用過濾器把內容物倒進馬丁尼杯裡,再用玫瑰或蘋果做裝飾,一杯格調與眾不同的馬丁尼便大功告成。

Melon Martini

哈密瓜馬丁尼

哈密瓜1/2個　1/2 Wedge Fresh Melon
糖漿30ml　30ml Sugar syrup
灰雁伏特加Le Citron 30ml
30ml GREY GOOSE Le Citron® Vodka

●◎把1/2個哈密瓜的皮切掉之後,放進調酒杯裡擠壓成泥。接著加入糖漿和伏特加,再跟冰塊一起搖拌。最後用雙重過濾法把內容物裝進馬丁尼杯中,再用哈密瓜皮做裝飾。

Pear blue Martini

水梨湛藍馬丁尼

梨子半顆　Half Fresh Pear juice
糖漿15ml　15ml Sugar syrup
藍柑糖漿5ml　5ml Blue Curacao syrup
灰雁伏特加30ml
30ml GREY GOOSE® Vodka

● ◎把熟成的梨子放進攪拌機裡打成汁，然後再跟剩下的材料加在一起搖拌。如果已經事先把梨子汁打好的話，果汁可能會因氧化而改變顏色，這樣就無法做出新鮮的飲料了，所以一定要當場現做。最後再用過濾器把液體倒進馬丁尼杯中，並用梨子切片當裝飾，這種視覺呈現和涼爽的味道形成絕妙的搭配。

Grape Martini

葡萄馬丁尼

青葡萄10顆　10EA Fresh Grapes
糖漿30ml　30ml Sugar syrup
汽泡酒30ml　30ml Sparking wine
灰雁伏特加30ml
30ml GREY GOOSE® Vodka

● ◎由於青葡萄沒有子，而且可以連皮一起吃，所以非常適合用於製作飲料。首先把青葡萄擠壓成泥之後，跟糖漿、灰雁伏特加一起搖拌。除去冰塊後把剩下的內容物裝進馬丁尼杯裡，再倒滿冷藏保存的汽泡酒就完成了。這是一杯把微微的酒香與新鮮葡萄完美結合在一起的馬丁尼。

Sexy Cocktail, Cosmopolitan

帶著半透明紅色的性感柯夢波丹，是一種因美國連續劇而知名度大開，獲得不少青睞的飲料。如果再額外添加一些風味糖漿，就可以喝到許多種不同口味的柯夢波丹。只要記住原味柯夢波丹的比例，再加一些美味水果就可以做出更新鮮、更好喝的柯夢波丹了。下面來試著用草莓和荔枝做柯夢波丹吧。

性感的雞尾酒，柯夢波丹

Cosmopolitan Original

原味柯夢波丹

檸檬汁15ml　15ml Fresh Lemon juice
橙柑橘香甜酒20ml　20ml Orange curacao
蔓越莓果汁30ml　30ml Cranberry juice
灰雁伏特加Le Citron 45ml
45ml GREY GOOSE Le Citron® Vodka

●◎把各種材料放進調酒杯中大力搖拌之後，再用雙重過濾法把內容物倒進馬丁尼杯子裡。接著用柳丁或檸檬皮在杯緣抹油之後點火，這樣就完成了。

Cosmopolitan
Strawberry : Lychee
草莓柯夢波丹、荔枝柯夢波丹

草莓3顆或荔枝2顆　3 Fresh Strawberry or Lychees
檸檬汁15ml　15ml Fresh Lemon juice
橙柑橘利口酒15ml　15ml Orange curacao
蔓越莓果汁20ml　20ml Cranberry juice
灰雁伏特加Le Citron 30ml
30ml GREY GOOSE Le Citron® Vodka

●◎把草莓或荔枝放進調酒杯裡擠壓成泥後，
再跟其他的材料一起搖拌，接著把冰塊濾掉再
把內容物倒入馬丁尼杯子裡。跟嘴巴接觸的杯
緣部份，可以放上草莓或荔枝做裝飾，這樣一
杯又好喝、又新鮮的草莓／荔枝柯夢波丹就完
成了。除了這兩種水果之外，也可以利用其他
各種水果，做出專屬於你的柯夢波丹。

Exotic Drinks,
Caipirinha & Cuba Libre

異國飲料，小鄉巴佬 & 自由古巴

Orange Ginger Caipirinha

橙薑小鄉巴佬

生薑半塊　Half Fresh Ginger
柳丁1/2個　Half Fresh Orange
黃砂糖1匙　1 Spoon Brown sugar
百加得蘭姆酒（白標）45ml
45ml BACARDI SUPERIOR® Rum

●◎先把柳丁切成塊，再把半塊生薑切片，然後一起放進老式酒杯裡，均勻灑上黃砂糖後再把柳丁跟生薑壓成泥。接著倒入蘭姆酒，並裝滿一整杯的碎冰再均勻攪拌，最後插兩根吸管就完成了。還可以另外在杯子上放點生薑和柳丁做自然裝飾。砂糖與生薑搭配柳丁的香味，讓整杯飲料散發出清淡不辛辣的美味與香氣。

Cuba Libre原本的意思是「古巴萬歲」，是為了紀念美國從西班牙殖民者手中解放古巴而誕生的飲料。結合了象徵美國的可口可樂，以及象徵古巴的蘭姆酒，變成一種風靡全球的飲料。

Cuba
Libre 自由古巴

萊姆半顆　Half Fresh Lime
百加得蘭姆酒（白標）45ml
45ml BACARDI SUPERIOR® Rum
可口可樂裝滿　Coca cola, to top up

●◎把半顆萊姆切成塊放進大老式酒杯，擠壓到萊姆皮裡的油與香味都充分散發出來為止，然後再加入百加得蘭姆酒（白標）。最後裝滿冰塊跟可樂，均勻攪拌後就完成了。可以拿使用過的萊姆果皮做裝飾。

A variety of flavor in Margarita

變化萬千的瑪格麗特

Caramel Margarita

焦糖瑪格麗特

焦糖醬45ml或牛奶糖6顆
45ml Caramel Sauce or 6EA Milk Caramel
龍舌蘭45ml   45ml Tequila
柳丁利口酒15ml   15ml Orange Liqueur
意式濃縮咖啡或咖啡30ml
30ml Espresso or coffee

●◎把咖啡抹在瑪格麗特杯的杯緣，然後把所有材料放進攪拌機，再加一點碎冰打成冰沙。完成之後把內容物倒進瑪格麗特杯中，最後再用焦糖或餅乾做裝飾，這樣就完成一杯甜蜜蜜的焦糖瑪格麗特了。

Raspberry Margarita

覆盆子瑪格麗特

覆盆子10顆　10EA Raspberries
覆盆子酒15ml　15ml Bokbunjaju
龍舌蘭45ml　45ml Tequila
柳丁利口酒15ml　15ml Orange Liqueur
檸檬汁15ml　15ml Fresh Lemon juice

●◎先在瑪格麗特杯杯緣抹上一圈萊姆或檸檬汁，再灑一點雪花鹽上去。接著把覆盆子和龍舌蘭、柳丁利口酒放進攪拌機中，倒進一杯碎冰塊，按下啓動打到攪拌機變得安靜無聲為止。最後把打好的冰沙裝進準備好的瑪格麗特杯中，再用覆盆子和香草做裝飾，這樣一杯專為那位女孩打造的時尚瑪格麗特就大功告成。

Apple Cinnamon Margarita

蘋果肉桂瑪格麗特

蘋果半顆　Half Fresh Apple
桂皮糖漿10ml　10ml Cinnamon syrup
Monin蘋果糖漿30ml
30ml Monin Green Apple syrup
龍舌蘭45ml　45ml Tequila
柳丁利口酒15ml　15ml Orange Liqueur
檸檬汁15ml　15ml Fresh Lemon juice

●◎先在瑪格麗特杯杯緣抹一點萊姆或檸檬汁，再灑一些雪花鹽。然後把所有材料放進攪拌機中，加入一杯的碎冰塊，按下啓動打到攪拌機變得安靜無聲為止。接著再繼續攪拌約1分鐘之後，就把打好的冰沙裝進事先準備的瑪格麗特杯，最後可以把1/4顆蘋果切塊，灑在杯子裡的冰沙上面，再用桂皮棒和蘋果切片裝飾，一杯品味十足的蘋果肉桂瑪格麗特就大功告成。

Black Russian
黑俄羅斯

咖啡香甜酒25ml　25ml Coffee Liqueur
灰雁伏特加50ml　50ml GREY GOOSE® Vodka

●◎先把又圓又紮實的冰塊放進大老式酒杯
裡，再倒入50ml灰雁伏特加，最後加入咖啡
香甜酒，再插上一根攪拌棒就完成了。先倒
伏特加的原因，是為了讓含糖的咖啡香甜酒
自動沉澱做出分層效果。一般都會用櫻桃或
巧克力做裝飾，不過如果改為加意式濃縮咖
啡奶泡的話，一杯全新造型的黑俄羅斯就誕
生了。

White Russian
白俄羅斯

咖啡香甜酒25ml　25ml Coffee Liqueur
灰雁伏特加50ml　50ml GREY GOOSE® Vodka
牛奶50ml　50ml Milk

●◎白俄羅斯就是在黑俄羅斯裡多加50ml的
牛奶製成的，這讓它喝起來比黑俄羅斯更溫
和順口。

BLACK &
WHITE
Russian

黑 & 白俄羅斯

消費量在世界各酒吧都高居不下的黑俄羅斯,是一種適合在享受完美味晚餐之後,用來當成一杯優雅甜點品嚐的飲料。它散發著咖啡的濃醇香味,這種香味同時也和伏特加的重酒味達成一種平衡,能夠讓人內心感到平靜。

GREY GOOSE Vodka Tonic

灰雁伏特加湯尼

飲料的味道，取決於冰塊在液體裡作用形成的微妙溫度差，並讓飲料達到美味平衡，而每一杯飲料的製作過程中，絕對需要這種細膩的技巧。伏特加通常一定要冷凍或冷藏保存，而使用在飲料中的礦泉水，當然也必須要冰存。一顆好的冰塊一定又紮實又透明，通常結冰速度越快的冰塊，融化速度也就越快。最好的冰塊一定是慢慢結冰，並使用乾淨的水製作而成。

Vodka Tonic

伏特加湯尼

檸檬或萊姆半顆　Half Fresh Lemon or Lime
灰雁伏特加45ml　45ml GREY GOOSE® Vodka
湯尼水裝滿　Tonic water, to top up

●◎將灰雁伏特加與檸檬或萊姆汁裝入高球杯或是高腳杯中，再裝滿整杯冰塊。接著倒滿湯尼水攪拌，然後再把檸檬皮或萊姆皮浸在杯子裡面便完成了。

Lime Drop Cylinder

萊姆淚滴螺旋

萊姆汁30ml　30ml Fresh Lime juice
灰雁伏特加Le Citron 45ml
45ml GREY GOOSE Le Citron® Vodka

●◎先把兩種材料搖拌在一起,然後再倒進量筒裡,最後用萊姆果皮做裝飾。這裡使用的塑膠量筒對我們來說是個滿陌生的工具,如果可以用烈酒做出像萊姆在流淚一樣的水滴裝飾,這樣搭配起來就變成一杯既有實驗性質、又有設計感的飲料了。

Jelly
Punch
果凍水果酒

檸檬汁30ml　　30ml Fresh Lemon juice
果凍30ml　　30ml Soft Jelly
桃子半顆　　Half Fresh Peach
糖漿20ml　　20ml Sugar syrup
雪碧裝滿　　Sprite, to top up

●◎把半顆桃子放進平底杯裡擠壓成泥以後，再擠點檸檬汁、倒點糖漿進去。然後把果凍壓成泥，或切成可以用吸管吸取的大小放進去，最後再加滿碎冰跟雪碧。將內容物均勻攪拌之後，再用一根粗吸管和水果，或使用過的檸檬皮做裝飾，這樣便大功告成。可以改用草莓、蘋果、桃子等，任何你想使用的水果替換製作。試著做一杯有清爽感，同時又能吃到果凍的趣味飲料吧。

椰漿**5ml**　5ml Coconut cream
鳳梨**1/10塊**　1/10 Fresh Pineapple
檸檬汁**10ml**　10ml Fresh Lemon juice
鳳梨汁**45ml**　45ml Pineapple juice
百加得蘭姆酒（白標）**30ml**
30ml BACARDI SUPEROR® Rum

●◎椰林風情在西班牙文中帶有「遍地鳳梨的山丘」之意，這種調酒是用鳳梨的美味與香味，再搭配甜甜的椰漿來麻痺味蕾。製作方法是先把各種材料跟百加得蘭姆酒（白標）放入攪拌機中，再加大概半杯的冰塊一起攪拌就完成了。我們可以把喝完的椰子空殼放在冷凍庫冰存，然後再拿來做椰林風情的盛裝容器，這是一個會讓人感到非常新鮮的裝飾設計。我們也可以加入其他果汁，並用草莓、桃子、芒果等水果果昔做裝飾，再用灰雁伏特加代替百加得蘭姆酒（白標），這樣就變成另一種叫做奇奇（Chi-Chi）的雞尾酒了。

Pina
Colada
椰林風情

June Bug

六月小蟲

哈密瓜**1/16塊**　1/16 Fresh Melon
哈密瓜利口酒**30ml**　30ml Melon Liqueur
椰子利口酒**15ml**　15ml Coconut Liqueur
香蕉利口酒**15ml**　15ml Banana Liqueur
鳳梨汁**45ml**　45ml Pineapple juice
檸檬汁**15ml**　15ml Fresh Lemon juice

●◎將熟度適中的哈密瓜放進調拌碗裡，把哈密瓜汁完全擠壓出來，然後再把剩下的材料跟冰塊一起放進去大力搖拌。最後跟冰塊一起倒入高杯或調酒杯，再用哈密瓜皮做裝飾，這樣便完成一杯全世界最新鮮的六月小蟲。

Lynchburg
Lemonade

林區鎮檸檬汁

檸檬半顆　　Half Fresh Lemon
糖漿15ml　　15ml Sugar syrup
Jack Daniel's威士忌30ml
30ml Jack Daniel's Whiskey
雪碧裝滿　　Sprite, to top up

●◎我偶然從外國航空公司空服員那裡得知
這種調酒，這是美國最普遍的雞尾酒。作法
是先把半顆檸檬切成丁，放進高球杯裡壓成
泥之後，再倒入糖漿跟威士忌。最後裝滿整
杯冰塊跟雪碧，均勻攪拌之後便完成。最後
用檸檬和香草做裝飾，看起來感覺更清涼。

Sapphire Gin Tonic

龐貝琴湯尼

萊姆半顆　　Half Fresh Lime
覆盆子**5**顆　　5 Fresh Respberries
龐貝藍鑽琴酒**45ml**
45ml BOMBAY SAPPHIRE® Gin
湯尼水裝滿　　Tonic water, to top up

●◎我們可以先做一杯原味的琴湯尼，然後多添加一些香草或莓果類進去，這樣就可以做出不同風味的琴湯尼。製作方法是先把覆盆子放進高球杯裡壓成泥之後，再擠萊姆汁、倒入龐貝藍鑽琴酒，然後裝滿冰塊跟通寧水並均勻攪拌，最後用桂皮棒和覆盆子做裝飾，這樣一杯新鮮又美味的龐貝琴湯尼就大功告成了。

Must visit
Hot places

介紹韓國熱點給最潮的你

如果一個地方既有美味飲料又有風趣的音樂，還有人們一面享受氣氛一面談天，這幅情景應該就能被譽為天堂吧。這裡將介紹一些韓國最夯的時尚酒吧。這些能夠提供前面所介紹的飲料，也能讓我們享受時尚氛圍的熱門酒吧，正在等著我們。

這間Coffee Bar K，是個可以讓人感覺一位調酒師數十年來累積的名聲與其匠人精神的地方。店名的K取自日本酒保協會（JBA）理事Kosho先生，是目前在日本有8家分店，並在新加坡、首爾清潭洞皆設有分店的一間日本傳統酒吧。日本兩位知名的酒保YAMATO與Ipe都在這裡工作，是個經典雞尾酒和現代調酒、現代與傳統並存的空間。還能看到只有這裡有的原始冰雕，並同時享用從世界各國空運而來的麥芽威士忌。

地址 韓國江南區清潭洞89-20　電話 +82-2-516-1970　營業時間 19:00～02:00（周末營業至03:00，周日休息）

coffee Bar K

可以體驗時尚與潮流的Woo Bar，位於W首爾華克山莊大廳的展演空間，而這個展演空間也同時設於Woo Bar當中，這兩個地方達成一個完美的結合。Woo Bar打破了飯店大廳的既有概念，讓大廳不再只是個讓人聚會的場所、等人的場所，或是可以進行簡單商務會議的場所。這裡是全韓國最狹長的酒吧(bar)，內部設計簡單、出眾，還有工業風格的視覺呈現，讓目光所及之處都充滿令人目不暇給的華麗。來到Woo Bar的顧客們，肯定都會迷上Woo Bar創新的音樂與酷炫的節奏。

地址 韓國廣津區廣壯洞21 W首爾華克山莊　電話 +82-2-2022-0333 營業時間 10:00～02:00（周五、周六至03:00）

WOO Bar

Lound

前幾年新開幕的LOUND，是由韓國知名設計師金百善所設計，並獲得建築設計大獎，是個從開幕時就受到許多關注的地方。這裡是韓國第一個嘗試Lounge形式的熱門酒吧，在這裡可以享受音樂、調酒，以及隨音樂擺動身體的趣味。還有，他們也在酒吧裡加入了一些前衛的小道具，這裡使用的是電子菜單，可以幫助大眾拉近與調酒之間的距離。光是進到這間酒吧就可以感受到很多趣味。

地址 韓國江南區清潭洞83-20　電話+82-2-542-7412　營業時間 19:00～04:00

這間是曾擔任WOO BAR與CLUB Circle顧問的Jerome幾年前開設的Lounge Bar，而且酒吧的名字就直接取叫Lounge。這間酒吧以白色鋼骨和DJ Box為特色，充滿著年輕氣息，來到這裡的20多歲年輕女性紛紛表示，「真正的雞尾酒與音樂就在Mix Lounge」。原因很簡單，其秘訣就在於好喝的雞尾酒與節奏輕鬆的音樂，再加上美男調酒師讓人心動的服務。雖然在週末的深夜時分，酒吧所呈現的氣氛並不那麼溫和，不過那都是聚集在Mix Lounge的人們自然打造出來的派對氣氛。Mix Lounge規模並不大，但卻有許多狂熱者每天蜂擁而至。在這個熱情滿載的場所裡，可以享受到時尚的音樂與調酒。

地址 韓國江南區新沙洞532-4　電話 +82-2-546-4090　營業時間 19:00～02:00（周末至03:00）

MIX Lounge

2009年4月11日，Platoon Kunsthalle終於揭開了它的神祕面紗。由28個貨櫃組成，矗立在首爾江南中心的Platoon Kunsthalle，它的外貌本身就象徵著特殊的意義。跟任何一座建築物相比，船運貨櫃是個能夠自由在全世界移動的東西，象徵著這是個可以自由消化各種不同文化的最佳地點。

PLATOON
KUNSTHALLE

這裡不僅是聚會的場所，也提供場地給展覽、電影放映、公演等日常生活中各種藝術活動使用。提供各種酒類與飲料，還有德式餐點。

地址 韓國江南區論峴洞97-22 電話+82-2-3447-1191~7 營業時間11:00~24:00

準備這本書的這段期間，其實也是給我自己一個重新檢視過去的機會。我從學校畢業後便進入大企業，以大人們所認定的安穩工作，展開平凡的社會生活。

但不久之後國家便被IMF接管，公司裡突然被辭退的組長們，開起過去一輩子都沒想過的咖啡廳、餐廳、KTV等，各自開始煩惱生計問題。看著這樣的社會前輩們，我心中冒出許多想法。依照過去常聽大人說的，追著錢跑的話就無法做自己想做的事；但做自己想做的事情，卻馬上就會散盡家財。

苦惱到最後，我決定做自己想做的事。因為喜歡音樂，我曾在學生時期玩過樂團，再加上喜歡聽別人說故事的個性，我開始尋找可以讓自己投注熱情的職業。然後，我偶然來到釜山良才洞一間有名的酒吧。雖然什麼都不懂，但還是本著想放手一搏的熱情去要求面試，然後馬上獲得了酒保這個工作。因為這是個大家口中的日落上班、日出下班的工作，所以家裡非常反對，因此我有好幾年都被迫在過年時缺席家族聚會。

現在回想起來，那是我打從出生以來活得最認真的時期。即使是下班之後，我也拖著疲憊的身體，認真學習關於酒類與飲料的知識。一點一滴攢積微薄的薪水，只是為了到首爾清潭洞的高級酒吧去坐一個晚上。

當時，首爾的酒吧每一間都新奇得令我驚訝。他們完全不吝於使用那些國內少見的材料，看見他們製作雞尾酒的方式，對我造成很大的刺激。然後我再一次不顧家人的反對，一鼓作氣衝上首爾去拜訪那些知名酒吧。那些要等上幾天幾夜才能入場的地方，充斥著留學生與媒體人，而我則得每天像在打仗一樣不停製作雞尾酒。在這種生活當中，我覺得自己就像反覆吐出固定飲料的自動販賣機一樣，迅速失去對飲料的熱情。

Mixologist 身為一位調酒師

「對自己想做的事，我從未猶豫
從開始到現在，我從未後悔。
別輸給那個身為調酒師，
自始至中只在酒吧裡工作的自己。
而能化身飲料的無盡素材，
世上到處都是。」

我又開始尋找另一個能刺激自我的課題了。為了了解喝下什麼才能刺激人的情感，我開始每天學習英文與音樂，而學習這件事本身就讓我感到很享受、很有趣，而且很幸福。

　　大概過了2、3年吧，我透過瀏覽網路與書籍，開始對調酒這個領域有了興趣，並不是想要去模仿我不熟悉的事物。對於總是想嘗試新東西的我，身邊的人總是從批判的角度問說「幹嘛做那些事」，而我想藉由調酒來讓他們刮目相看。當時心中滿是這種想法的我，偶然被介紹至74BAR & LOUND，這兩個地方讓我能嘗試自己想做的飲料。雖然過去任職的地方說我這是背叛，但卻無法阻擋我夢想自己能有個全新的開始。

　　開始新工作的同時，我也開始使用新鮮的食材代替華麗的人造利口酒，希望藉此讓人們看見飲料的新鮮。在客人眼前直接把美味的水果擠壓成泥、毫不吝嗇地大量使用香草，我們用這些新鮮飲料組成全新的酒單。不過，人們的反應卻不如我的預期。有些人對Mojito跟加了水果的伏特加馬丁尼不滿意，對飲料的需求甚至逐漸減少。那真是段很累、很孤單的時期。

　　但是也因為有了這些鞭策我的人，我才能毫不退縮地不斷前進。我想，既然想要一次改變所有的東西很困難，那勢必要減緩這個從傳統走到現代的速度。我把這樣的想法反映在酒單上，而客人也開始上門了。為了完美地把情感的味道傳達給飲用者，我一整天都在和音樂奮鬥，這是為了能夠把客人喜歡的音樂與飲料做完美結合。

　　在一次海外出差時偶然認識的調酒師朋友們，都不吝於給我建言和資訊，熱心地幫助我不讓我的熱情熄滅。我曾接獲幾次雜誌拍攝和到學校教書的提案，而我以傳遞健全且新鮮的飲料文化為主題，建構我的授課內容。並且穿上我最能讓人感到熱情的衣服，這是為了消除人們認為在酒吧裡工作的人雖華麗卻不健全的錯誤認知，在大家心裡留下製作飲料的人既是廚師，同時也是料理設計師的形象。

　　但或許是我太貪心了，從事這份工作的時間越久，我就越專注於尋找困難材料來製作飲料，某天我突然驚醒過來。發現自己就像挑戰金氏世界紀錄的人一樣，忘記了飲料的普遍性，只滿足於材料的稀有度，並專注用這些材料來完成作品，為了擺脫這種困境，我打造了一個團隊。

　　The Mixologist團隊就是在這種機緣下組成的，這是個大家可以一起做飲料、一起分析作品，相互給予對方建言的團隊。還有，我一直想用飲料帶給許多人歡樂，也因為這樣的想法，我不僅擔任起咖啡師協會經營的學院講師，也兼任CASA學校的派對策劃課程講師，希望藉由這種方式讓其他人的生命更加有趣。我開始實現自己白天是個老師，晚上則化身為調酒師的夢想。

　　因為這是我喜歡的事情，所以可以投注自己所有的熱情。很快地，身邊的人就感受到我的熱情，而我也遇上了人生第2次的大轉折，那就是在Bacardi Korea同時擔任調酒師與推廣大使的機會。當時我擔任74 BAR & LOUND的理事，除了扮演策劃賣場活動日程與活動企劃的角色之外，同時也在其他地方擔任派對飲料企劃、學院講師、學校講師等許多工作。忙碌的日常生活成為我的壓力，並在不知不覺間讓我感到筋疲力盡。在這樣的生活中，我很感謝來自Bacardi Korea的提議。當時的我非常想要只專注在一件事情上，比起讓年紀尚輕的我感到壓力沉重的理事職責，我更想成為一個研究雞尾酒，並推廣場所與氣氛和飲料結合的飲酒文化大使。還有，感謝上天至今賜給我的所有事物。

　　那些不斷替我加油，讓我不因此感到疲憊的人、數年來始終不吝於給我建議和忠告的朋友、為了一起實現夢想，連個不字都未曾說過的The Mixologist團員們、7年來讓我能夠愉快工作的74 BAR & LOUND社長、讓我能以大使身分工作，以溫暖迎接我的Bacardi全體員工與熱情的社長，我想對你們說聲謝謝。最後，還想對跟我一起進行這本書，努力讓每一瞬間看起來都很新鮮的攝影師權悟太說聲感謝。我也會把這本書送給10多年來默默支持我、替我加油的媽媽和在遠方的爸爸。

　　那些從未在任何地方說過的真實想法，以及秘密創造出來的新鮮飲料酒譜，全都寫在這本書裡。我真心地期盼，各位也能製作出幸福的飲料，讓所愛的人們愉快地享用。

THE MIXOLOGY-
王牌調酒師的私藏手札

作　　者	金鳳荷	
譯　　者	陳品芳	

發 行 人	黃鎮隆
協　　理	王怡翔
副　　理	田僅華
編　　輯	張景威
封面設計	周煜國
內頁排版	果實文化設計

印　　製	明越彩色製版印刷有限公司
出　　版	城邦文化事業股份有限公司 尖端出版
	台北市民生東路二段141號10樓
	電話／（02）2500-7600 傳真／（02）2500-1971
	讀者服務信箱：Momoko_Chang@mail2.spp.com.tw
發　　行	英屬蓋曼群島商家庭傳媒股份有限公司
	城邦分公司 尖端出版行銷業務部
	台北市民生東路二段141號10樓
	電話／(02)2500-7600 傳真／(02)2500-1979 劃撥專線／（03）312-4212
	劃撥帳號／50003021英屬蓋曼群島商家庭傳媒（股）公司城邦分公司
	※劃撥金額未滿500元，請加附掛號郵資50元
法律顧問	通律機構 台北市重慶南路二段59號11樓

台灣地區總經銷

◎ 中彰投以北（含宜花東）高見文化行銷股份有限公司

　　電話／0800-055-365　傳真／（02）2668-6220

◎ 雲嘉以南　威信圖書有限公司

　　（嘉義公司）電話／0800-028-028　傳真／（05）233-3863

　　（高雄公司）電話／0800-028-028　傳真／（07）373-0087

馬新地區總經銷／城邦（馬新）出版集團

　　Cite(M) Sdn.Bhd.(458372U)

　　電話：603-9056-3833　傳真：603-9056-2833

　　E-mail：citeckm@pd.jaring.my

　　香港地區總經銷／城邦(香港)出版集團

　　Cite(H.K.)Publishing Group Limited

　　電話：2508-6231 傳真：2578-9337

　　E-mail：hkcite@biznetvigator.com

版　　次	2011年7月初版　Printed in Taiwan

THE MIXOLOGY by Kim Bong Ha 金鳳荷

Copyright ©2010 Kim Bong Ha 金鳳荷

All rights reserved

Complex Chinese copyright© 2011 by sharp point press A Division Of Cite Publishing Limited

Complex Chinese Language edition arranged with Ringer's Group Publishing Co. through Eric Yang Agency Inc.

國家圖書館出版品預行編目資料

THE MIXOLOGY-王牌調酒師的私藏手札 /
金鳳荷作；陳品芳譯. --
初版. -- 臺北市：尖端, 2011.07
面；公分
ISBN 978-957-10-4589-4（平裝）

1.調酒

427.43　　　　　　　　　　1000010906